ライチョウを絶《ぜつ》滅《めつ》から救え

Toshihide
Kunimatsu
国松俊英

小峰書店

もくじ

はじめに

オコジョがねらい、サルがおそう

二〇一五年七月六日の早朝、信州《しんしゅう》大学名誉教授《めいよきょうじゅ》で鳥類学者の中村浩志《なかむらひろし》先生は、南アルプスの中白根岳《なかしらねだけ》にいた。

山頂《さんちょう》から下ったところにある平らな土地に、小型ケージが設置《せっち》してある。そこに、きのうの夕方、ライチョウの親子を入れた。親鳥とひなが五羽だ。いまから中村先生とメンバーは、親子をケージからだして、北岳山荘《きただけさんそう》にある固定式ケージまで誘導《ゆうどう》していく。

東の空にのぼった朝の太陽が、まぶしい光をまわりの山々や、ゆっくりと流れていく白い雲に投げかけていた。

産まれてまもないひなをつれて歩く母鳥。この時期、ひなには危険《きけん》がいっぱい待ちうけている。

ライチョウは、この南アルプスや、ずっと北にある御嶽山《おんたけさん》と乗鞍岳《のりくらだけ》、さらに北につらなる北アルプスの山々など高山にすんでいる鳥だ。生活しているのは、標高二四〇〇メートル以上のところである。野鳥図鑑《ずかん》を見ると、日本産の野鳥は約五五〇種いる。けれど、寒い冬の時期が来ても、高い山にとどまって生活する鳥はライチョウだけだ。

そのライチョウに、いま絶滅《ぜつめつ》の危機《きき》がせまっている。地球温暖化《おんだんか》の影響《えいきょう》があるし、中部《ちゅうぶ》地方につらなる高山の自然環境《かんきょう》の変化もある。ライチョウが生きていくのに、その環境は日ごとにきびしくなってきていた。

そのため、中村先生は七〇歳《さい》をすぎても、その研究と保護《ほご》のために、力をつくしている。ライチョウが絶滅の危機をのりこえ、生きのびるためなら、どんなことでもやろうと考えている。自分のもてる力をぜんぶだして、ライチョウを守ろうとしている。

いま取り組んでいる「ケージ保護」も、その一つだった。ケージ保護は、高山でおこなうライチョウ保護の新しい方法だ。二〇一三年からはじめた。それがうまくいけば、ひなの生存率《せいぞんりつ》はうんと上がり、ライチョウの生息数はきっとふえる。

きのう、中村先生たちは中白根岳《なかしらねだけ》手前のなわばりで、六羽のひなをつれている親鳥を見つけた。大型の固定式ケージは、少し離《はな》れた北岳山荘《きただけさんそう》の近くにすえつけてある。そのケージまで親鳥とひなを、人がつきそって誘導《ゆうどう》していた。

夕方近くなったころだ。きゅうに一羽のひなが見えなくなった。

「どこに行ったんだ、すぐにさがそう」

つきそいだけをのこして、ほかのメンバーは懸命《けんめい》にひなをさがした。

ハイマツの中に入ってしまったのか、岩のかげでじっとしているのか。

「ずっとさがしたのですが、どうしても見あたりません」

とうとう、ひなは見つからなかった。ひなが行方不明《ゆくえふめい》になって、ずいぶん時間をついやした。北岳山荘《きただけさんそう》へは、明るいうちには着けそうにない。どうするか。

「しかたがない、移動式《いどうしき》の小型ケージをこの近くにすえつけ、今夜はそこに入れよう」

中村先生がメンバーにいった。それで五羽のひなと親鳥たちは、移動式の小型ケージで一晩《ひとばん》をすごしたのだった。

ケージからでてきたライチョウの親子。

朝になって、ライチョウの家族は移動《いどう》を開始する。

ケージのとびらをひらき、親鳥とひなたちは外にでた。ケージからでて、ゆっくりと進んでいった。そのときだ。

とつぜん、ハイマツの中からオコジョが飛びでてきた。そしてひなに飛びかかり、一羽をつかまえた。

「オコジョが、ひなをー」

メンバーのひとりがさけんだ。オコジョはひなをくわえると、すぐにハイマツの中へ逃《に》げこんだ。一瞬《いっしゅん》のできごとだった。オコジョは二頭いて、そのうちの一頭がひな

オコジョ。すばしっこい肉食の動物で、ライチョウの天敵《てんてき》だ。

をつかまえたのだ。メンバーのだれも、オコジョの待ちぶせに気づいていなかった。

「やられたー。オコジョたちは、きのうからこの家族をねらっていたんだ」

メンバーがくやしそうにいった。

オコジョは、昨夜、ライチョウ親子をおそおうとした。けれど、ケージで守られており、手がだせない。朝になって親子がでてくるのを、じっと待っていたのだ。

四人もつきそいのメンバーがいたのに、ひなを守ってやれなかった。中村先生は歯ぎしりした。しかし、のこった四羽のひなと親鳥を、しっかり北岳山荘《きただけさんそう》のケージまでつれていってやらないといけない。

「気をぬかないで、しっかり誘導《ゆうどう》してくれ」

中村先生はメンバーにいった。

白根三山《しらねさんざん》など南アルプスの山域《さんいき》では、オコジョ、テン、キツネなどが、ライチョウのひなを捕食《ほしょく》することが多くなっていた。オコジョはもともと高山にすんでおり、ネズミ、モグラ、鳥、鳥の卵《たまご》などを食べている。けれどキツネやテンは以前は低山にいたのに一九九〇年代から高山帯に上がってきて、ライチョウのひなや卵をねらうようになった。これらの動物たちに早く手を打たないと、ライチョウの危険《きけん》は大きくなる。


南アルプス白根三山《しらねさんざん》でのケージ保護《ほご》の仕事は、七月に終わった。

そのよく月、八月二五日のことだ。中村先生は、北アルプスの東天井岳《ひがしてんじょうだけ》にいた。ライチョウの生息調査《ちょうさ》で、朝からこの山に来ていた。ライチョウ調査を手伝っている東邦《とうほう》大学の小林篤《こばやしあつし》研究員がいっしょだった。

産まれて２か月ほどたったひな。ハイマツの実を食べている。

二人は、尾根《おね》のすぐ下の斜面《しゃめん》で、親子づれのライチョウを見つけて観察をしていた。ひなは六月末に産まれて、六〇日ほどたっている。元気なようすだ。親鳥から少し離《はな》れたところで、せっせと餌《えさ》を食べていた。すると、斜面のむこうから三〇頭のサルの群《む》れがあらわれ、ライチョウの親子の近くにやってきた。

サルに対してライチョウの親子がどんな反応《はんのう》をするのか。中村先生はそれに注目していた。いつでも写真が撮《と》れるように、カメラをかまえた。そのときだった。近づいてきた一頭のサルがライチョウのひなに飛びかかった。そして両手でひなをつかまえたのだ。

「しまった、ひながやられたっ」

中村先生の顔が緊張《きんちょう》でこわばった。ひなをつかまえたサルは、近くの岩に飛びのった。ひなを口にくわえ、こっちを見た。

「こらーっ、ひなを放せっ」

先生はサルを追いかける。岩から飛び下りたサルは、斜面《しゃめん》を猛《もう》スピードで走って逃《に》げた。そして茂《しげ》みに消えた。あっという間のできごとだった。

ずっと恐《おそ》れていたことが起きた。以前は平地や低山にいたサルが、北アルプスの高い尾根《おね》まであらわれた。そしてライチョウの親子をおそい、ひなをくわえて逃げたのだ。

ニホンザルの食生活は、植物の芽《め》や葉、果実を中心にしたものだ。昆虫《こんちゅう》など動物質《どうぶつしつ》のものも少し食べるが、まさかライチョウのひなを食べるとは思っていなかった。

先生の後を走ってきた小林研究員も、ぼうぜんとしていた。

六日後の八月三十一日、中村先生と小林研究員は長野県庁《ながのけんちょう》で記者会見をひらいた。そ

ライチョウのひなをねらって、近づいていくサル。

のできごとを新聞やテレビの記者たちに知らせ、すぐに対策《たいさく》を考え、動かなければいけないことを訴《うった》えるつもりだった。

「このまま何もしないでいれば、近い将《しょう》来《らい》、北アルプスや南アルプスからライチョウのすがたは消えてしまうでしょう」

中村先生は記者たちに、真剣《しんけん》な表情《ひょうじょう》で報《ほう》告《こく》した。

南アルプス中白根岳《なかしらねだけ》のオコジョ、北アルプス東天井岳《ひがしてんじょうだけ》のサルのように、高山で野生動物におそわれるライチョウの数はふえていた。

地球温暖化《おんだんか》によって高山帯の生態系《せいたいけい》はく

ずれ、シカ、サル、テン、キツネなど野生動物たちの高い山への侵入《しんにゅう》は進んでいる。

中村先生は、かなり前からそのことを気にかけていた。その心配が、日ごとにはっきりとした形になってあらわれてきている。オコジョがひなをおそった場面、サルがつかまえた場面、それらはライチョウに起きた危機《きき》の一部分だった。ライチョウをおびやかす黒い影《かげ》は、日ごとに大きくなっていた。

日本のライチョウは、いつごろから中部《ちゅうぶ》地方の高山にすむようになったのだろう。寒風が吹《ふ》きすさび、雪でおおわれる冬の季節、緑があざやかな夏の季節、ライチョウはどんな生活をしているのだろう。

いまから、ライチョウはどんな鳥なのか、どんな暮《く》らしをしているのか、いまライチョウにどんな危機がせまっているのかを見ていこう。

ライチョウを心から愛し、その研究と保護《ほご》に力をつくす中村浩志《なかむらひろし》先生のすがたを、みんなに知ってもらいたい。そして、ライチョウの絶滅《ぜつめつ》をくいとめようと、多くの人たちが活動している。そのようすも紹介《しょうかい》したい。

1章 白馬岳《しろうまだけ》でライチョウに会った

中村浩志《なかむらひろし》先生がはじめてライチョウを見たのは、信州《しんしゅう》大学三年生の夏だ。

一九六七年六月終わりのことである。鳥類生態《せいたい》研究室の羽田健三《はねだけんぞう》教官が、まだ学生だった中村先生を研究室に呼《よ》んだ。

「中村くん、来週は白馬岳《しろうまだけ》へライチョウの観察に行くから、山登りの準備《じゅんび》をしておくように」

「ライチョウの観察ですか。はい、わかりました」

ライチョウを見に行くと告げられて、中村先生の目はかがやいた。

白馬大雪渓《しろうまだいせっけい》。標高が高く、気温が低いため、夏でも雪がのこっている。

「こんどこそ、ライチョウを見てやるぞ」

胸《むね》がわくわくしてきた。というのは、これまで羽田教官につれられて、二度、ライチョウをさがす調査《ちょうさ》に参加していた。けれど、二度ともライチョウは見つからなかった。

一度目は長野《ながの》市の飯綱山《いいづなやま》で、中村先生が信州《しんしゅう》大学に入学したばかりの一九六五年四月だった。その一か月前に地元山岳会《さんがくかい》のメンバーが、飯綱山《いいづなやま》の山頂《さんちょう》付近でライチョウを見つけて写真を撮《と》った。ライチョウがその後も山にいるか、確《たし》かめるために研究室の学生とともにでかけたのだ。しかし、ライチョウを見つけることはできなかった。

二度目にライチョウ調査に行ったのは、富士山《ふじさん》だった。二年生の六月、羽田教官といっしょに調査にでかけた。その六年前の一九六〇年八月に、ライチョウは富士山に放鳥《ほうちょう》されていた。その後のライチョウのようすを調べに行ったのだ。このときも、中村先生はライチョウのすがたを見られなかった。

白馬岳《しろうまだけ》へライチョウの観察に行く日になった。

中村先生は、羽田教官、おなじ研究室の学生と三人で長野駅から松本駅《まつもと》へ行き、大糸《おおいと》線に乗って白馬《はくば》駅に向かった。バスで登山口の猿倉《さるくら》に着いたのはお昼すぎだった。

まだ梅雨《つゆ》は明けていないが、この日はいい天気だった。三人は、白馬大雪渓《しろうまだいせっけい》を登って白馬山荘《はくばさんそう》をめざした。

「中村くんは、アルプスの雪渓《せっけい》を登るのははじめてか」

「はい、本格的《ほんかくてき》な登山はやったことがありません。雪渓《せっけい》を歩くのもはじめてです。残雪がとてもきれいですね」

午後の太陽が照りつけている。光を受けて、大雪渓《だいせっけい》の雪がまぶしくかがやいている。

中村先生は、キャラバンシューズで雪渓《せっけい》の雪を踏《ふ》みしめながら、ゆっくりと登っていった。

「こんな大きな雪渓《せっけい》を登るのか、だいじょうぶかな」

大雪渓《だいせっけい》の登り口まで来たとき、ちょっとこわくて緊張《きんちょう》した。しかし少し歩くと、雪渓《せっけい》を登るのにも慣《な》れた。斜面《しゃめん》を吹《ふ》いてくる風が、ひんやりして気持ちよかった。

信州《しんしゅう》生まれで信州育ちの中村先生だが、一度も日本アルプスに来たことがない。子どものころから、アルプスで遭難《そうなん》した人の話をよく聞いていた。アルプスは恐《おそ》ろしいところだ。そんな危険《きけん》なところには行かないぞ、と決めていたのだ。

大雪渓《だいせっけい》を上がりきったところで、羽田教官が足をとめた。そして二人にいった。

「いたぞ、ライチョウだ」

鳥は百メートル向こうの崖《がけ》の上の岩にいた。じっとして動かない。

「あれはオスだ。岩の上でなわばりの見はりをしている」

オスは見はらしのよい岩の上で、なわばりに侵入《しんにゅう》してくる他のオスや敵《てき》を見はっている。

教官が教えてくれた。

やっとライチョウに会えた。なかなか、かっこいい鳥ではないか。中村先生は、やっと見ることができたライチョウをいつまでもながめていた。

大雪渓《だいせっけい》を登りきって尾根《おね》にでると、またライチョウがいた。オス、メスの二羽が、登山道のわきで砂浴《すなあ》びをしていた。中村先生がいるところから、五、六メートルもない。

砂浴びをしているライチョウは、人間がすぐそばで見ているのを気にしているようすはなかった。オスの目の上の赤い肉冠《にくかん》があざやかだった。二羽は、砂浴《すなあ》びが終わると、立ち上がって羽を丸くふくらませた。そして体をふるわせて、体についた砂をはらい落とした。砂浴びは、体についた寄《き》生虫《せいちゅう》などを取るためにやる行動だ。スズメ、キジ、コジュケイなどもする。

砂浴びのあと、ライチョウはゆっくりと餌《えさ》を食べはじめた。

「この二羽は、繁殖《はんしょく》に失敗したつがいだ」

教官は、餌をとっているライチョウを指さしていった。

「どうして繁殖に失敗したとわかるのですか？」

中村先生が聞いた。

「もし卵《たまご》をだいていれば、メスは砂浴びが終わると、すぐに飛んで巣にもどっていくはずだ。けれどメスは砂浴びが終わっても、巣にはもどろうとしない。このつがいは、抱《ほう》卵中《らんちゅう》に卵を天敵《てんてき》に取られて食べられたようだ。繁殖に失敗したんだな」

教官の解説《かいせつ》を聞いて、中村先生はすぐに納得《なっとく》した。

白馬《はくば》山荘《さんそう》に着いて少し休んでから、三人は夕方まで観察にでかけた。教官は、ライチ

親子で砂浴《すなあ》びをするライチョウ。羽についた寄生虫《きせいちゅう》をはらい落とす。

ヨウの見つけ方、行動観察の方法などを教えてくれた。ライチョウのフン、地面に落ちた羽毛、砂浴びの跡《あと》など、生活をした跡からも、なわばりがあるかないかを判断《はんだん》できると説明してもらった。

「なるほど、ライチョウの生活の跡を注意深く観察することで、いろんなことがわかってくるんだな」

教官の説明はとてもよくわかり、説得力があった。ライチョウを観察するやり方は、教えてもらうと興味《きょうみ》深く、新鮮《しんせん》なものだった。この後三十年以上たってから、ライチョウが自分の大きな研究の対象になることなど、中村先生は思ってもみなかった。

中村浩志《なかむらひろし》先生は、長野《ながの》県の東信《とうしん》地方の坂城町《さかきまち》で生まれて育った。千曲川《ちくまがわ》が家の近くを流れていた。子どものころは、千曲川《ちくまがわ》で魚とりをしたり、山に行って遊んだり、自然の中をかけまわってすごしていた。林や河原《かわら》で野鳥の巣を見つけ、小鳥をつかまえるのがおもしろかった。ムクドリやモズを飼《か》ったこともある。野鳥のひなを家につれてくることもあったが、いつも二、三日で死なせてしまった。

小学生のころ、図書館で鳥の図鑑《ずかん》を見つけた。いろんな鳥がのっているので、わくわくしながら見た。その中に、ほかの鳥より色あざやかな鳥がいた。体は青色で、くちばしと足がまっ赤な鳥である。ブッポウソウという名前が書いてあった。すっかりその鳥にひきつけられた。それから二〇年後、中村先生は長野県栄村《さかえむら》でブッポウソウの調査《ちょうさ》研究をすることになる。

中学生のときには、考古学《こうこがく》に興味《きょうみ》をもった。高校生になって、地歴班《ちれきはん》という考古学のクラブに入った。長野県には縄文《じょうもん》中期や晩期《ばんき》の遺跡《いせき》が多くある。その遺跡の発掘《はっくつ》に参加して、考古学の勉強をしていた。おもしろかった。その後、信州《しんしゅう》大学教育学部に入学して、大学でも考古学の勉強をやろうと考えていた。

ところが、信州大学には考古学の先生がだれもいないとわかった。それでしかたなく選んだのが、生態《せいたい》研究室だった。羽田健三《はねだけんぞう》教官が指導《しどう》をしており、専門《せんもん》は鳥類の生態研究だった。中村先生は考古学から鳥類学へ、大きく方向を変えることとなった。

五月には、生態研究室の主催《しゅさい》で戸隠探鳥会《とがくしたんちょうかい》が毎年ひらかれる。研究室の新人である中村先生も参加した。戸隠《とがくし》高原には豊《ゆた》かな森がのこっていて、野鳥もたくさんいた。通ううちに、戸隠《とがくし》の自然と野鳥がすきになっていった。子どものころ、野鳥とは親しかったので、生態研究室で鳥の研究をすることに決めた。二年生になったとき、カワラヒワという鳥を卒業論文《ろんぶん》のテーマに選び、研究することにした。

一九六九年、中村先生は信州大学教育学部を卒業して、京都《きょうと》大学理学部大学院に進学した。大学院の修士課程《しゅうしかてい》を修了《しゅうりょう》した後は博士課程《はくしかてい》にすすみ、それまでやっていたカワラヒワの研究をつづけることにした。

京都《きょうと》に来て十年目の一九七九年の六月。カワラヒワの繁殖調査《はんしょくちょうさ》が終わって、論文《ろんぶん》をまとめようとしていたころだった。

京都大学の研究室にいた中村先生に、電話がかかってきた。信州《しんしゅう》大学の羽田健三教授《きょうじゅ》からだった。中村先生と白馬岳《しろうまだけ》の大雪渓《だいせっけい》を登ったつぎの年、羽田教官は信州大学教育学部の教授になっていた。

「中村くんにたのみたいことがある。六月下旬《げじゅん》に北アルプスでライチョウの生息調査をやろうと思っているのだが、手伝ってもらえないだろうか。三日間の予定だ」

羽田教授が電話をかけてくるのは、めずらしいことだった。自分にできることなら、どんなことでも手伝いをしたい。

「だいじょうぶです。お手伝いさせていただきます」

「そうか、やってくれるか。研究室の学生が、その調査の計画を立てている。学生から調査についてのくわしいことを知らせてもらえばいい。では、よろしくたのむよ」

中村先生は、北アルプスのライチョウの生息調査に参加することになった。

ライチョウの調査は、燕岳《つばくろだけ》から大天井岳《おてんしょうだけ》、槍ヶ岳《やりがたけ》への「北アルプス表銀座《おもてぎんざ》コース」と呼《よ》ばれる山域《さんいき》でおこなった。羽田教授と中村先生、研究室の学生三人の計五人が調査にあたる。一日目は燕岳《つばくろだけ》から大天井岳《おてんしょうだけ》にかけて調査をし、二日目は大天井岳《おてんしょうだけ》から槍ヶ岳《やりがたけ》への登山道を歩いて調査をした。中村先生は、ライチョウの生息調査でいちばん大切ななわばり調査の方法を学生たちに指導《しどう》しながら、登山道を進んでいった。

ライチョウの生息数は、どのように調べ、どうやって割《わ》りだすのか。それには、「なわばり」を調べることが基本《きほん》になる。

羽田教授は、ライチョウのなわばりを調べることを大切にした。中村先生は、羽田教授からなわばり調査のやり方をきびしく教えられた。

なわばりとは、つがいになったオスとメスが、繁殖《はんしょく》のために自分たちだけで使う空間、区域《くいき》のことである。巣と卵《たまご》、メスを守り、ほかのライチョウが侵入《しんにゅう》してこないように、オスがいつも見はっている。なわばりのことを、テリトリーともいう。

背《せ》の低いハイマツにつくられた巣で、卵《たまご》を温めるメス。

ライチョウは、一夫一妻《いっぷいっさい》で繁殖《はんしょく》をする。一つのなわばりがあれば、オスとメスの二羽がそこにいることになる。ライチョウの繁殖時期に山々を歩いて、なわばりの数を調べる。それがわかれば、巣づくりしているオスとメスの数がでてくる。その数に、なわばりを持てなかったオスの数をプラスすれば、ライチョウの生息数がでてくるのだ。

では、なわばりを見つけ、それを確《たし》かめるのには、どうやるのか。

ライチョウがなわばりをつくっている時期は、六月から七月上旬《じょうじゅん》である。メスが卵《たまご》

メスの「抱卵《ほうらん》フン」。ふだんのフンより5〜6倍も大きい。

を産む「産卵期《さんらんき》」から、卵を温める「抱卵《ほうらん》期《き》」までだ。調査《ちょうさ》は、その時期におこなわなければならない。

調査方法は、ライチョウがすんでいる高山一帯を歩きまわる。そして、ライチョウのフン、羽毛、砂浴《すなあ》びの跡《あと》、なわばりを見はる場所、といったものをさがすのだ。

ライチョウのフンの色と形は、季節によってちがう。繁殖期《はんしょくき》のフンは、丸みがあって、水分が多い。白い尿酸《にょうさん》をふくんでいるので、注意して見ればわかる。また、抱卵《ほうらん》中《ちゅう》のメスは、ふだんの五倍〜六倍も大きいフンをする。「抱卵《ほうらん》フン」という。そのフンを見つければ、近くに巣があって、そのあたりはなわばりだとわかる。それから、目立つ岩の上などに多くのフンがしてあれば、オスがそこを見はり場としていることもわかる。

メスの抱卵《ほうらん》フン、オスの見はり場のフン。そうした生活の跡《あと》があれば、ライチョウを見つけられなくても、そこになわばりがあると判断《はんだん》できるのだ。

また繁殖期《はんしょくき》には、オスの「ガガー」と鳴く声をテープで流し、でてきたオスの動きを観察していれば、そこがなわばりであるかどうかがわかる。

なわばり調査《ちょうさ》のときは、三人か四人が一つのチームになって調べるのがよい。見はり場になりそうな岩、砂浴《すなあ》び場《ば》になっている登山道わきの地面やその近くの砂地《すなじ》などを、手わけしてさがす。

見つかった生活の跡、ライチョウの行動、そのあたりの地形、植生《しょくせい》などを考え合わせる。そして、なわばりの位置と範囲《はんい》を確《たし》かめて、地図に書きこむ。その作業をつみ重ねていくのだ。一つのなわばりを調べると、つぎにそのとなりを調べる。そうやって、つぎつぎになわばりを確かめていき、一つの山のなわばり分布《ぶんぷ》をしっかりつかむのである。

六月下旬《げじゅん》からおこなった表銀座《おもてぎんざ》コースの調査は、予定通りに終えることができた。

2章 ライチョウの生息調査《ちょうさ》を手伝ってほしい

北アルプスへ調査《ちょうさ》の手伝いに行ったつぎの年。一九八〇年の夏、中村《なかむら》先生は京都《きょうと》大学大学院での研究を終えた。そして信州《しんしゅう》大学教育学部へもどってきた。鳥類生態《せいたい》研究室で羽田《はねだ》教授《きょうじゅ》の助手として採用《さいよう》されたのだ。

長野《ながの》にもどってきた中村先生は、新しくカッコウの托卵《たくらん》研究をはじめようと考えていた。そのきっかけとなったのは、イギリスの鳥類学者、イアン・ワイリーが書いたカッコウの托卵《たくらん》の本だった。タイトルは「The Cuckoo《ザ カッコー》」といった。京都の洋書店で見つけて、買いもとめた。読みはじめるとおもしろくて、二日間、夢中《むちゅう》になって読んだ。カッコウの生態を、著者《ちょしゃ》の野外研究を元にていねいに書いていた。

カッコウは、夏鳥《なつどり》として南から日本へ渡《わた》ってくる鳥だ。朝の高原に、カッコウ、カッコウと大きな声をひびかせる。北海道《ほっかいどう》から九州《きゅうしゅう》の日本各地で繁殖《はんしょく》する。長野県にも多くが渡ってくるので、中村先生には親しみのある鳥だった。

托卵《たくらん》したアオジの親鳥から餌《えさ》をもらうカッコウのひな。

カッコウという鳥は、自分の巣はつくらない。ほかの鳥の巣に卵《たまご》を産んで、かえったひなを育ててもらう。それを「托卵《たくらん》」という。とてもずるがしこい子育ての方法だ。日本産の鳥でそんなことをやる鳥は、カッコウ、ホトトギス、ジュウイチ、ツツドリのカッコウ科の四種類だけである。

カッコウの托卵《たくらん》行動のいちばん重要な点は、メスの行動である。イアン・ワイリーの本を読んで、メスの行動がまだ科学的に解明《かいめい》されていないことがわかった。

「カッコウは、じつにおもしろい鳥だ」

中村先生はカッコウのことを考えていると、わくわくしてきた。まだ多くの行動がなぞにつつまれたままだ。それらを解《と》き明《あ》かすことができれば、すばらしい。つぎはぜひカッコウの研究をやりたいと思った。

中村先生が信州《しんしゅう》大学に着任《ちゃくにん》した一九八〇年八月一日のことである。大学に行くと、羽田教授《きょうじゅ》の研究室に呼《よ》ばれた。

さいしょだから、助手としての心がまえを話されるのだろうか。中村先生はそんなことを思いながら、研究室に入っていった。

「中村くん、たのみたいことがあって来てもらった。私《わたし》は、あと五年と七か月で大学を定年になる。一九八六年の三月には、大学を退官《たいかん》することになっている。私のさいごの仕事として、日本のどこの山に、どれだけのライチョウが生息しているかの調査《ちょうさ》を完結させたい。これまでに、北アルプスの半分は調査が終わっている。しかし、南アルプスの調査については、ほとんどできておらん。手つかずの状態《じょうたい》だ。そこで、中村くんに北アルプスでのこった半分と、南アルプス全山の調査を手伝ってほしい」

思っていた話とは、ちがっていた。

羽田教授は、机《つくえ》の上に大きな地図をひろげた。

「見てくれ。二〇年近い時間をかけて、やっとここまでの調査が終わった」

調査が終わった山、これから調査しなければいけない山。羽田教授は地図の中の山々を指さして話をした。そして、これまでにまとめた調査報告書《ほうこくしょ》や、山の地図、資料《しりょう》なども見せて、熱心に説明をした。

羽田教授が信州大学に教官として着任したのは、一九五二年だ。それから二八年がすぎていた。

羽田が取り組んだ大きな鳥類研究は、カモ類の生態《せいたい》研究だった。長野《ながの》県下と日本各地にある湖や沼《ぬま》に渡《わた》ってきたカモが、種類ごとにどんな餌《えさ》をとり、どのようにすみ分けをしていかを研究した。その研究で論文《ろんぶん》をまとめ、京都《きょうと》大学から学位《がくい》を授与《じゅよ》された。

羽田のライチョウへの関心は、カモ類の研究をはじめる前からあった。北アルプスのふもと、長野《ながの》県大町《おおまち》市で生まれて育った羽田にとって、ライチョウは小さいころから話に聞かされていた鳥だった。

一九五一年、大町市に「大町山岳《おおまちさんがく》博物館」がつくられた。羽田は、その山岳博物館をつくるのにも協力した。羽田は、地元の中学の教師《きょうし》で、生物クラブの指導《しどう》もしていた。その生物クラブで集めた資料《しりょう》が、博物館が生まれる基礎《きそ》となったのである。

後立山連峰《うしろたてやまれんぽう》にいだかれた博物館の考えは、北アルプスにいるライチョウ・カモシカ・コマクサを自然文化財《ぶんかざい》として、大切にすることだった。それらの生態《せいたい》や文化の研究をおこない、保護《ほご》にも取り組んでいこうというのだ。

羽田は、山岳博物館の考えを形にするため、北アルプスに野外博物館、「爺ヶ岳《じいがたけ》ライチョウ園」をつくりたいと思っていた。そして、いつかライチョウの研究をやり、保護にも役立てたいと考えていたのだ。

その時代、鳥類の生態研究はまだ進んでいなかった。ライチョウについてもわかっていなかった。ライチョウが、高山で何を食べ、どのように巣をつくり、ひなを育てているのか、冬をどのようにすごしているのかは、だれも知らなかった。本格的《ほんかくてき》に観察して調べた人はいなかったのだ。

信州《しんしゅう》大学の教官をしながら山岳博物館の顧問《こもん》でもあった羽田に、ライチョウの研究をはじめる機会がやってきた。一九六一年、長野県科学振興会《しんこうかい》が山岳博物館に、ライチョウ調査《ちょうさ》のために三〇万円の助成金《じょせいきん》をだしてくれることになったのだ。

すぐに調査隊がつくられ、羽田はその代表となった。大町山岳博物館の職員《しょくいん》、信州大学生物学教室の学生が隊員となり、大町山の会、陸上自衛隊《じえいたい》、大町登山案内人組合が協力してくれることになった。

まず夏の季節、繁殖期《はんしょくき》のライチョウ調査がおこなわれた。五月の終わり、調査隊は北アルプスの爺ケ岳《じいがたけ》に入り、種池《たねいけ》小屋を基地《きち》にして調査がはじまった。爺ケ岳《じいがたけ》の南峰《なんぽう》になわばりをもつつがいを毎日、つづけて観察した。

観察班《かんさつはん》は、交代でライチョウを追った。夜明けにねぐらからでるところから、日中の行動、そして夕方のねぐら入りまで、つがいの行動をすべて観察して記録した。その調《ちょう》査《さ》は十月十日まで毎日つづけられた。

雪のある春先の調査は、二年後の三月十二日から四月二日までの四〇日間だった。調査隊員五人、支援隊《しえんたい》九人で調べた。

夏と春先をあわせて、参加メンバーは八五人をこえる大調査だった。わからなかったライチョウの夏と春先の生活のようすを、くわしく調査し、明らかにした。この研究は一九六四年に『雷鳥《らいちょう》の生活』（第一法規《だいいちほうき》）という本にまとめられ出版《しゅっぱん》された。

爺ヶ岳《じいがたけ》の調査が終わって、羽田は大きな野望をもった。それは、日本の高山に何羽のライチョウが生息しているかを調べ上げ、ライチョウがすむ高山の環境《かんきょう》問題について考えたい、ということだった。その二つをやりたいと考えた。

しかし、中部《ちゅうぶ》地方の高山をすべて歩いて調査をし、生息数を調べ上げるのは、大仕事《おおしごと》である。たいへんな手間と長い時間、多くの費用が必要となる。ほんとうなら、国立のライチョウ研究所のようなものをつくり、大きな予算を使ってやらないとできない事業だった。

しかし、国立のライチョウ研究所などつくれるわけはないので、羽田はそれを自分の手でやってみようと思った。信州《しんしゅう》大学の研究室の学生や卒業生、ライチョウに関心をもつ人たちに協力してもらってやるのだ。羽田は、少しずつだが調査を進めていった。

富士山《ふじさん》へのライチョウの放鳥《ほうちょう》にも、羽田はかかわっていた。

もともと富士山には、ライチョウはすんでいなかった。その富士山にライチョウを放して、すみつかせたいという試みは、林野庁《りんやちょう》と日本鳥学会《ちょうがっかい》が中心になって進められた。

一九六〇年八月二十二日に、白馬岳《しろうまだけ》でつかまえられた七羽のライチョウが富士山に放鳥された。オスとメス、幼鳥《ようちょう》もいた。羽田はライチョウの捕獲《ほかく》をたのまれ、大町山岳博《おおまちさんがく》物館の人たちに協力してもらった。

白馬岳《しろうまだけ》のライチョウは、陸上自衛隊《じえいたい》のヘリコプターで富士山にはこばれ、静岡《しずおか》県側の富士宮口《ふじのみやぐち》登山道、標高二四〇〇メートルあたりに放たれた。

放鳥《ほうちょう》されたライチョウは、よく年の三月と六月に確認《かくにん》され、富士山《ふじさん》の冬を無事に越《こ》したことがわかった。二年後には、五合目にある山小屋の近くで繁殖《はんしょく》したようだった。四年たった一九六四年、五月から九月までの間に、ライチョウは二五羽が観察された。放鳥のときから一八羽もふえていたのだ。しかしつぎの年、いるのは確認されたが、数がきゅうに減《へ》ってしまっていた。

それでよく年の一九六六年、多くの人を使って調査《ちょうさ》がおこなわれたのだ。中村先生が富士山へ行ったのは、このときである。

調査の結果、ライチョウはちゃんと生きていることがわかった。一〇羽の成鳥が観察された。須走口《すばしりぐち》と吉田口《よしだぐち》では、それぞれ繁殖中のつがいも見つかった。けれど見つけたのは他のチームで、羽田教官と中村先生たちのチームは、ライチョウのすがたを見ることはできなかった。

放鳥されて一〇年目となる一九七〇年には、ライチョウは一羽も見ることはできなかった。富士山のライチョウはぜんぶ死んでしまったのだ。ライチョウは富士山にすみつくことはできなかった。

話を、信州大学《しんしゅう》の羽田教授《きょうじゅ》の研究室にもどす。

羽田教授は、真剣《しんけん》な表情《ひょうじょう》で中村先生に話した。

「ライチョウの生息数調査は、やっとここまできた。あと少しがんばって、ライチョウがすむ全部の山の調査を終わらせたい。中村くんに、ぜひ力を貸《か》してもらいたいのだ」

一九六一年からはじまった羽田教授の調査は、二〇年近い時間がすぎていた。そして、やっと北アルプスの半分が終わったところだった。

羽田教授の話を聞いて、中村先生は複雑《ふくざつ》な気持ちになった。二〇年近い時間がかかっているが、ライチョウの調査は、全体の半分しか終わっていないと思えた。のこっている山はたくさんあり、山域《さんいき》はとても広い。大きな山もある。それらの調査が、はたして五年数か月でできるのだろうか。

しかし、退官《たいかん》までになんとしても調査をやりとげたいという、羽田教授のつよい思い、悲壮《ひそう》な気持ちは、中村先生にひしひしと伝わってきた。

――教授《きょうじゅ》が退官《たいかん》されるまで、あと五年と少ししかありません。調査《ちょうさ》の中心になってやるのは、私《わたし》などライチョウ調査の経験《けいけん》が少ない者や学生たちです。短い限《かぎ》られた時間で、そんな大きな調査が完成できるのでしょうか――

中村先生はそうたずねたかった。けれど助手になったばかりで、そんなえらそうなことを羽田教授に言えるわけはない。

「全力をあげてライチョウの調査に協力いたします」と答えた。深く一礼して、中村先生は研究室を後にした。

中村先生は、長野《ながの》にもどってきて、すぐにカッコウの托卵《たくらん》研究に取りかかりたいと考えていた。しかし、日本アルプスでライチョウ調査をやるとなれば、カッコウの研究には手がつけられないだろう。ライチョウの調査には、かなりの時間と大きなエネルギーが必要になるはずだ。

そしていちばんこまったことは、カッコウとライチョウ、二つの鳥の繁殖《はんしょく》時期が重なっていることだった。ライチョウの調査をはじめれば、カッコウの研究のほうはおあずけになってしまう。すぐにやりたい自分の研究はどうなるのか。心配でならなかった。

3章 日本のライチョウは三〇〇〇羽

――のこっている山の調査《ちょうさ》が、そんな短い時間でできるのだろうか。

いくら考えても、羽田《はねだ》教授《きょうじゅ》がやろうとしている調査が、五年数か月で終わるとは思えなかった。中村《なかむら》先生の不安や心配をよそに、羽田教授はライチョウ調査の準備《じゅんび》をどんどん進めていた。

山登りの経験《けいけん》が少ない中村先生をサポートするため、羽田教授は調査を手伝ってくれる人をさがしてくれていた。以前は筑波《つくば》大学山岳部《さんがくぶ》で活躍《かつやく》をし、いまは信州《しんしゅう》大学の研究生となっている小岩井《こいわい》彰《あきら》くんが調査チームのメンバーに加わるようはからってくれた。

また、生態《せいたい》研究室に入ってきた二年生の田嶋一善《たじまかずよし》くんも、卒業論文《ろんぶん》のテーマにライチョウを選び、ライチョウ調査のメンバーになった。このあと、カモシカの研究をしている四年生の飯沢隆《いいざわたかし》くんも調査チームに参加することになる。

こうして一九八〇年秋から、南アルプスでのライチョウ調査の準備がはじまっていった。さいしょは白根三山《しらねさんざん》と呼《よ》ばれている北岳《きただけ》・間ノ岳《あいのだけ》・農鳥岳《のうとりだけ》の三つの山を調査する。

山に入る前には、やることが多くある。調査の範囲《はんい》を決める、調査する場所の地図をつくる、入山許可《にゅうざんきょか》を取る、登山道のようすと山小屋の営業状況《えいぎょうじょうきょう》を調べる、営林署《えいりんしょ》へ入林《にゅうりん》許可証《きょかしょう》の申請《しんせい》をする……。一つ一つ、こなしていった。

準備は終わった。一九八一年六月十四日の朝、中村先生のチームは、南アルプスの白根三山《ねさんざん》をめざして長野《ながの》駅を出発した。いよいよ、ライチョウの生息数調査がはじまった。

一日目は、甲府《こうふ》駅からバスで広河原《ひろがわら》まで行き、北岳《きただけ》の下にある白根御池《しらねおいけ》小屋まで登って宿泊《しゅくはく》した。二日目は北岳《きただけ》をめざして急な斜面《しゃめん》を登り、高山帯に入った。霧《きり》の中から「ガー」と鳴いて飛ぶ鳥の声が聞こえた。ライチョウの声だった。

尾根《おね》にでると、二班《はん》に分かれた。中村先生は田嶋《たじま》くんと北岳《きただけ》の北西斜面《しゃめん》を調査《ちょうさ》した。もう一つの班、小岩井《こいわい》くんと飯沢《いいざわ》くんは、小太郎山《こたろうやま》方面の調査を受けもった。中村先生たちは、尾根を登り下りしながら、見つけたライチョウの位置、行動、発見した生活の跡《あと》を地図に記録していった。そこにあると思われるライチョウのなわばりも、しっかり地図に書いていった。

午後から小太郎山《こたろうやま》方面の班と合流し、四人での調査となった。山に来る前に予想していたより多くの数のライチョウがいた。夕方までに北岳《きただけ》の北側全域《ぜんいき》の調査を終え、北岳《きただけ》の頂上《ちょうじょう》に立った。日本で二番目に高い山だ。

さえぎるものが何もない山頂《さんちょう》で、中村先生はチームのメンバーと、夕陽《ゆうひ》に赤く染《そ》まる山々や、流れていく雲をながめた。鳳凰三山《ほうおうさんざん》、仙丈ヶ岳《せんじょうがたけ》、南アルプスの山々が一望できる。雲海《うんかい》の上につきでている富士山《ふじさん》も見えた。一日のつかれが洗《あら》い流《なが》された気持ちになった。

この日の宿泊《しゅくはく》は、北岳山荘《きただけさんそう》だ。夕食後にその日の調査結果をまとめた。観察できたラ

北アルプスでライチョウを調査中《ちょうさちゅう》の信州《しんしゅう》大学調査隊。右から、中村先生、羽田健三教授《はねだけんぞうきょうじゅ》、小岩井彰《こいわいあきら》さん。

イチョウは三七羽で、推定《すいてい》したなわばりの数は二一だった。

二日目からも順調に調査をつづけた。調査をはじめた六月十五日は、まだライチョウの産卵期《さんらんき》だった。調査の後半になってから、多くのつがいが抱卵《ほうらん》をはじめた。この年は雪どけが少し遅《おそ》かったので、ライチョウの繁殖《はんしょく》も遅《おく》れていたのだ。そのため、メスをめぐってオスたちがはげしく争う場面を、しっかり観察することができた。

まだメスが抱卵《ほうらん》をはじめていないなわばりに、よそからオスが侵入《しんにゅう》してきてメスと仲よくなろうとする。なわばりを守ってい

まだ雪がのこるなか、なわばりとメスをめぐって、ライチョウのオスどうしがはげしくにらみあう。

るオスは怒《おこ》り、侵入《しんにゅう》してきたオスを追いはらおうとする。そこにまたべつのオスが入ってくる。こんどは、三羽のオスの争いになる。

オスどうしが飛びまわり、戦い、取っ組みあって争う。オス同士の戦いに勝ち、メスに気に入ってもらって、自分の子孫をのこすまでは、苦しくてつらい日がつづく。ライチョウのオスもたいへんなのである。

白根三山《しらねさんざん》の調査《ちょうさ》は、梅雨《つゆ》の時期にあたっていたが、晴天の日が多かった。そのため調査ははかどった。山に来る前は、北岳《きただけ》から農鳥《のうとり》小屋まで調査できればよいと考えていた。けれど、農鳥岳《のうとりだけ》のずっと南、白河内岳《しろごうちだけ》まで調査することができた。

六月二十日の下山まで一週間にわたる調査で、観察できたライチョウの数は、オス八九羽、メス一六羽の計一〇五羽だった。メスの数がとても少ないのは、メスは抱卵《ほうらん》に入っているためだ。メスは一日に二回くらいしか、巣から外へはでてこない。それとメスの体の色ともようが目立たないことも、発見したメスの数が少ない理由だった。

この時期のオスの体は、白と黒のはっきりした色ともようをしている。ところがメスは、白と黒と茶のまだらもようで、目立たない。そしてオスは、岩の上などよく見える場所で見はりをしているし、鳴きながら飛びまわっていることが多いのだ。

しかし卵《たまご》を温めているメスは、鳴き声をだすこともないし、一日のほとんどの時間を巣ですごす。それでメスは見つかりにくいのだ。

はっきり確《たし》かめられたなわばりは、八二だった。確実《かくじつ》ではないが、たぶんあると推定《すいてい》したなわばりは一八あった。それらをあわせ、白根三山《しらねさんざん》一帯でのなわばり数は、ちょうど一〇〇となった。一回目の白根三山《しらねさんざん》の調査を終え、南アルプスには思っていたより多

繁殖期《はんしょくき》のオス。背《せ》は岩に似《に》た黒っぽい色になる。

くのライチョウがいることがわかった。なわばりの密度《みつど》も、北アルプスの多い場所とほぼ同じという結果がでた。

白根三山《しらねさんざん》の調査《ちょうさ》を終えた中村先生は、こんどは北アルプスの杓子岳《しゃくしだけ》から天狗《てんぐ》の頭《かしら》の山域《さんいき》にでかけた。

つぎの年、一九八二年は調査のメンバーもふえて、年に二回から三回の調査をおこなうことができた。回数がふえたので、調査はどんどんはかどった。この年の調査で中村先生は、一夫二妻《いっぷにさい》で繁殖《はんしょく》をしているライチョウを見つけた。南アルプス塩見岳《しおみだけ》、塩見《しおみ》小屋の近くだった。それまで、ライチ

繁殖期《はんしょくき》のメス。枯《か》れ草《くさ》のような黄色っぽいまだらもようになる。

ヨウは一夫《いっぷ》一妻《いっさい》だと考えられていたのだが、一夫二妻で繁殖するものがいたのだ。

ライチョウのなわばりは、直径三〇〇メートルほどだ。それがここでは、五〇メートルしか離《はな》れていないところに二つの巣があった。中村先生は、鳴き声のテープを流してオスの反応《はんのう》を確《たし》かめた。そのオスのなわばりは四八〇メートルほどと広く、二つの巣はどちらも同じなわばりの中にあることがわかった。

その後、二羽のメスが餌《えさ》をとるために巣からでてきたとき、オスは両方のメスを守る行動をとるかどうかを確かめた。するとオスは、どちらのメスをも守ろうとした。これで、一夫二妻《いっぷにさい》だということがわかった。

その後の調査《ちょうさ》で、ライチョウが一夫二妻になるのは、メスが多いときや、つがいのオスが死んでしまったときで、めったに見られないものであることがわかった。

ライチョウの生息数調査は、一九八一年から一九八四年にかけて精力的《せいりょくてき》におこなわれた。一九八三年には、北アルプス全山の調査が終了《しゅうりょう》した。一九八四年には、南アルプスのいちばん南にある上河内岳《かみこうちだけ》、茶臼岳《ちゃうすだけ》、光岳《てかりだけ》の調査が終わり、これで南アルプス全山の調査も終わった。

羽田教授《きょうじゅ》が、退官《たいかん》までにどうしても完成させたいと願っていたライチョウの調査はようやく終わった。一九六一年にはじまったこの調査は、二四年間かかったことになる。

二四年間かけたというが、半分以上の調査が、さいごの五年間でおこなわれた。調査がみごとに完了《かんりょう》したのは、調査チームの中心に中村先生がいて、チームをしっかりリードし、支《ささ》えていたからだった。羽田教授はそのことをいちばんよくわかっていた。

この調査《ちょうさ》結果はまとめられ、一九八五年十月に信州《しんしゅう》大学教育学部でひらかれた日本鳥《ちょう》

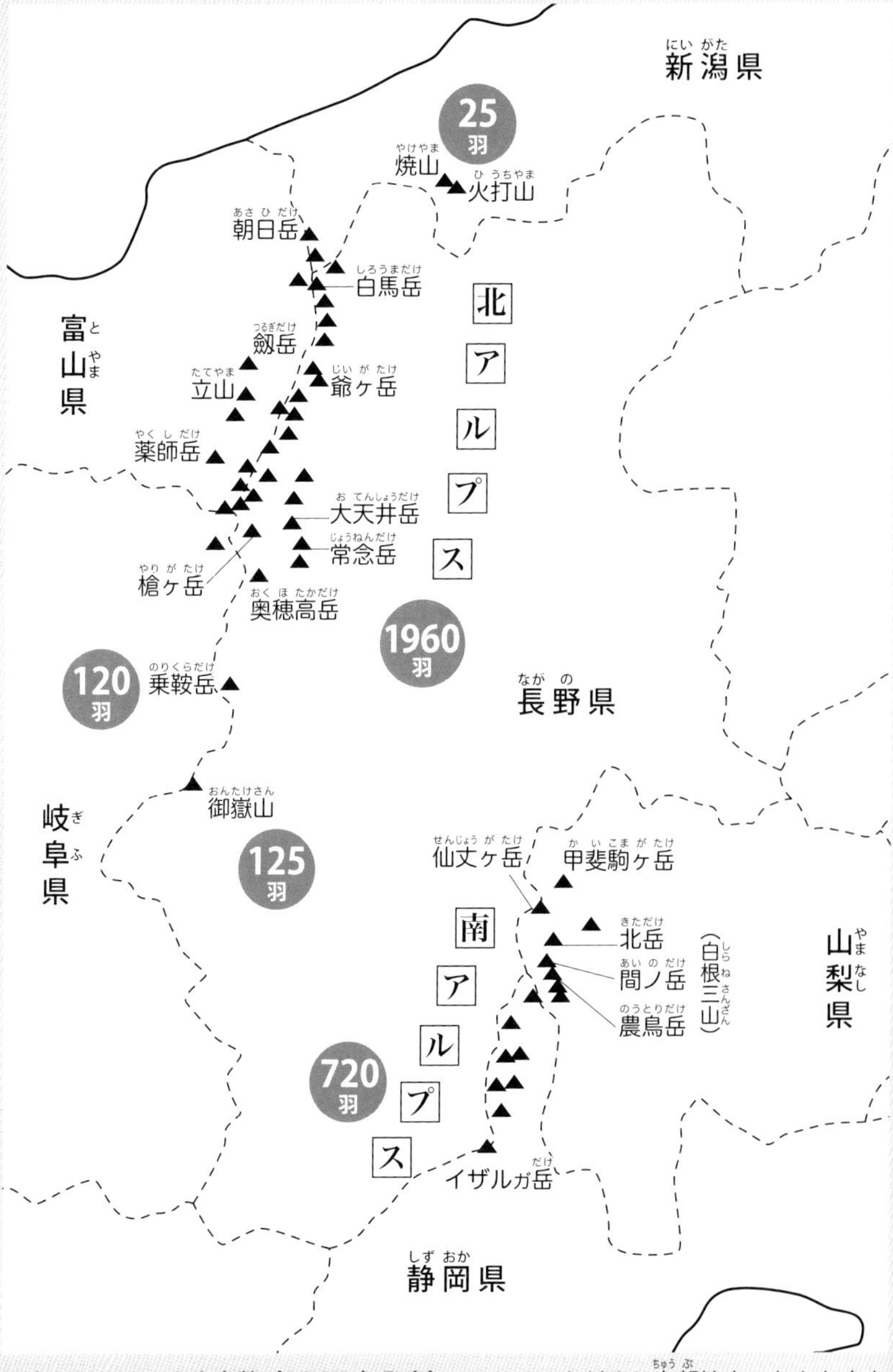

日本のライチョウ生息数（1985 年発表）　ライチョウがすむ中部《ちゅうぶ》地方のおもな山々と、推定《すいてい》されたライチョウの生息数をあらわす。羽田健三教授《はねだけんぞうきょうじゅ》がまとめたもの。

学会《がっかい》のシンポジウムで、羽田教授《きょうじゅ》が発表した。発表の内容《ないよう》はつぎのようなものだった。

――日本の中部山岳《ちゅうぶさんがく》地帯には、ライチョウのなわばりは全部で一二〇一ある。すんでいるライチョウの総個体数《そうこたいすう》は三〇〇三羽である。

そのうち北アルプスには、全体の七〇・九パーセントがいて、なわばりの数は八五二、個体数は二一三〇羽だ。北アルプスの数には乗鞍岳《のりくらだけ》のライチョウもふくまれている。長野《ながの》県と新潟《にいがた》県の県境《けんざかい》にある火打山《ひうちやま》と焼山《やけやま》には〇・八パーセント、一〇のなわばりがあり、二五羽がすんでいる。御嶽山《おんたけさん》には四・二パーセントがいて、五〇のなわばりで、一二五羽がいる。

南アルプスには全体の二四・一パーセントがいる。二八九のなわばりがあり、ライチョウの個体数は七二三羽である。

日本のライチョウがすんでいる山の北限《ほくげん》は火打山《ひうちやま》で、南限《なんげん》は南アルプスのいちばん南にあるイザルガ岳《だけ》だ。東限《とうげん》は御嶽山《おんたけさん》で、西限《せいげん》は南アルプスの鳳凰三山《ほうおうさんざん》のうちの薬師《やくし》岳《だけ》だ。――

この発表の後、北アルプスと乗鞍岳《のりくらだけ》のなわばり数は八三二に、南アルプスのなわばり数は二八八に、それぞれ修正《しゅうせい》された。日本全体のライチョウなわばり数は一一八〇となり、それを二倍した数、二三六〇羽が繁殖《はんしょく》している数になる。このほかに、なわばりをもっていない独身《どくしん》のオスがいる。平均《へいきん》すると三羽のうち一羽が独身のオスだとわかった。それで一つのなわばりがあると、〇・五羽分のオスがいることになるのだ。

それらを考え合わせ、全体のなわばり数一一八〇を二・五倍した数、二九五〇羽が日本全体に生息するライチョウの数になった。

一九八四年、日本に生息するライチョウの個体数《こたいすう》は約三〇〇〇羽（二九五〇羽）であった。

中村先生が手伝った羽田教授の大きな調査《ちょうさ》は完結した。

4章 氷期《ひょうき》を生きのびたライチョウ

ライチョウは、キジ目《もく》のグループの鳥だ。キジ目の中でさらにライチョウ科、さらにその中のライチョウ属《ぞく》のライチョウだ。一九五五年に国の特別天然記念物に指定された。長野《ながの》県と富山《とやま》県、岐阜《ぎふ》県の県鳥でもある。

この鳥は、中部《ちゅうぶ》地方にそびえる日本アルプスの高山帯にだけ生息している。富山県と長野県の県境《けんざかい》につらなる北アルプス、その南にある乗鞍岳《のりくらだけ》と御嶽山《おんたけさん》、長野県・山梨《やまなし》県・静岡《しずおか》県の県境にある南アルプス、そして、新潟《にいがた》県南西部にある火打山《ひうちやま》とそのとなりの焼《やけ》山《やま》。それらの山々の、標高二四〇〇メートル以上のところにライチョウはすんでいる。

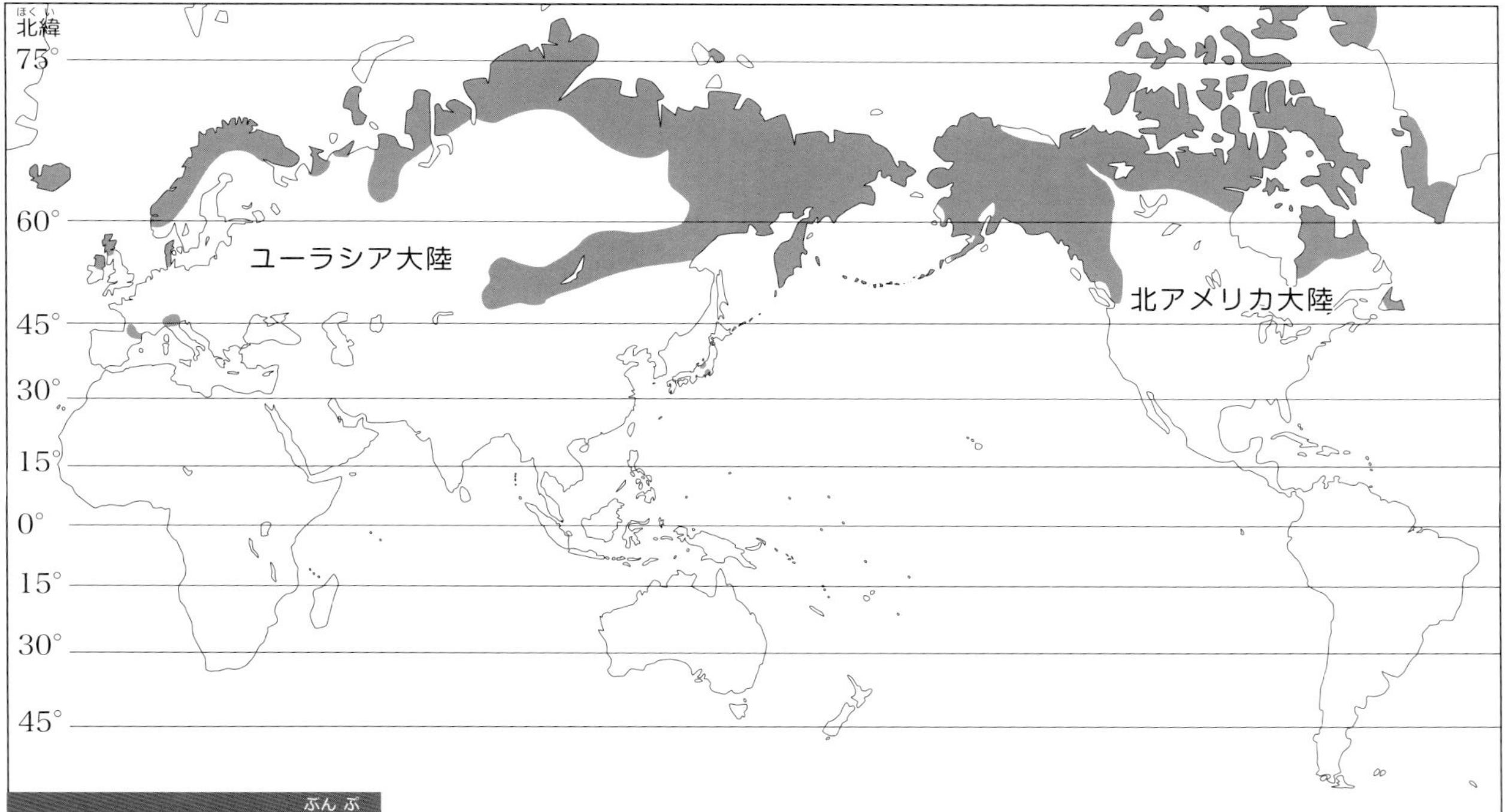

世界のライチョウの分布《ぶんぷ》

ライチョウはおもにユーラシア大陸北部、北アメリカ大陸北部に生息する。日本のライチョウは世界でもっとも南にすんでいる。

ライチョウのなかまは世界に一九種いる。いずれも北半球《きたはんきゅう》のユーラシア大陸と北アメリカの寒冷な気候の環境《かんきょう》にすんでいる。

いまから二万〜三万年前、ライチョウは大陸から日本に移《うつ》りすんだ。そのころの地球は、いまよりもずっと寒い*氷期《ひょうき》だった。そして日本列島と大陸の陸地はつづいていた。ところがその後、日本列島は大陸と海でへだてられてしまった。

それだけではない。氷期は終わってしまい、日本列島の気温はどんどん高くなっていく。寒冷地でないと生活できないライチョウは、少しでも気温の低い、寒い場所をさがして移動《いどう》した。それが高山だった。日本列島の本州中部《ほんしゅうちゅうぶ》には高山があって、そこにはライチョウがすめる環境があった。

氷期は終わり、日本の気温は高くなったが、高山にいたライチョウは生きることができた。そして現在《げんざい》にいたっている。氷期を生きのびたライチョウは、地球の大きな変化をくぐりぬけてきたとてても貴重《きちょう》な鳥なのだ。

＊氷期《ひょうき》……氷河《ひょうが》時代の中で、地球全体の気温が下がり、北半球《きたはんきゅう》の広い地域《ちいき》が氷でおおわれていた時代。

ライチョウの体(オス)

●くちばし
冬には凍《こお》った雪、氷をかいて餌《えさ》をとるので、かたくて鋭《するど》い。攻撃《こうげき》するときの武器《ぶき》にもなる。

●肉冠《にくかん》
目の上にある赤い皮膚《ひふ》。繁殖期《はんしょくき》になると、メスにアピールするため大きくふくらむ。

●羽の色
季節によって変わる。この絵は春～初夏のオスの羽の色。オス・メスともに夏～秋は黒くくすんだ色に、冬はまっ白になる。

●つばさ
つばさの力はつよい。渡《わた》り鳥《どり》ではないので、長距《ちょうきょ》離《り》は飛べない。

●鳴き声
オスは繁殖《はんしょく》の時期や、朝や夕方のねぐらの出入りのときに「ガガー」と鳴く。

●足と爪《つめ》
足は大きくてじょうぶ。土や雪を掘《ほ》るのにむいている。爪は凍った雪の上でもすべらない。

ライチョウの体長は、オスが約三八センチメートルで、メスは少し小さい。ずんぐりした体つきだ。オスもメスも目の上には赤い皮膚《ひふ》があって「肉冠《にくかん》」と呼《よ》んでいる。五月ごろの繁殖期《はんしょくき》になると、オスの肉冠《にくかん》は大きくなって目立つ。オスどうしの争いのときやメスにプロポーズするときに、この肉冠《にくかん》は大きくなる。肉冠《にくかん》は、メスを引きつける道具になり、またライバルのオスをおどかす道具にもなるのだ。

ライチョウのくちばしは、かたくて鋭《するど》い。攻撃《こうげき》するときの武器《ぶき》になる。冬になると、このくちばしで凍《こお》った雪や氷をかいて餌《えさ》をとる。足は大きくてじょうぶだ。土や雪を掘《ほ》るのに力を発揮《はっき》する。足指の先まで白い羽毛でおおわれている。羽毛の生えた指は、雪の中に沈《しず》まない。爪《つめ》は強くて鋭い。凍った雪の上でも、すべらないようにできている。体のどの部分も、寒くてきびしい冬を生きぬけるようにできている。

ライチョウは、一年に三回も衣替《ころもが》えをする。季節によって羽の色を変え、すんでいる山の自然にとけこむようにしている。

冬の羽はまっ白になって、雪の山で目立たない色になる。夏は高い山の砂地《すなじ》や草地にかくれるように、くすんだ茶色になる。繁殖期の春には、オスの羽は背中《せなか》を中心に岩に似《に》た黒っぽい色になり、メスは枯《か》れ草《くさ》に似た黄色っぽいまだらもようになる。羽の色が、まわりの景色《けしき》になじむように変わり、敵《てき》から身を守ってくれるのだ。それを「保護色《ほごしょく》」という。

どうしてこの鳥を、ライチョウと呼ぶようになったのか。平安《へいあん》時代、この鳥は「らいのとり」と呼ばれていた。「らい」とは「霊《れい》」のことで、霊鳥《れいちょう》、つまり神聖《しんせい》な鳥という意味である。神さまのいる高山にすむ鳥として、尊敬《そんけい》の気持ちがこめられた名前だった。

後の時代になって、このらいが雷《らい》に変わり、「雷鳥《らいちょう》」となったのだ。

カミナリは恐《おそ》ろしい。落雷《らくらい》はいちばんこわいが、雷鳴《らいめい》を聞くとふるえあがる人は多い。

ライチョウは、カミナリをしずめる力をもつ鳥とされた。

ライチョウがしきりに鳴くと、やがてカミナリが鳴りはじめるという。また山の天候が悪くなり、カミナリが鳴るようなときに、この鳥はでてきて活動する。それらのことで、ライチョウ・雷鳥という名で呼ばれるようになった。

春～夏

ライチョウの衣替《ころもが》え

高山の季節の変化にあわせて、3回も衣替えをするんだよ。

中村浩志《なかむらひろし》先生

● **春～夏**……オスの背中《せなか》は岩ににた黒っぽい色になり、メスは枯《か》れ草《くさ》ににた黄色っぽいまだらもようになる。

● **秋**……石や砂《すな》ににた、黒くくすんだ色になる。この時期は、オスとメスの見わけがつきにくい。右がオス、左がメス。

● **冬**……雪の色と見わけがつかないほどに全身がまっ白になる。オスの赤い肉冠《にくかん》があざやかだ。

秋

冬

ライチョウの食べものは、ほとんど高山植物だ。春がくると、芽吹《めぶ》いたやわらかい芽と葉を食べる。夏になって花が咲《さ》くと花と実を、秋には種子を食べる。ひなのときから大人《おとな》になってもずっと植物食だ。ガンコウラン、コケモモ、ウラシマツツジ、シナノキンバイ、チングルマといった高山植物の葉や実が大すきなのだ。ときどき、アブラムシなどの昆虫類《こんちゅうるい》、ミミズなども食べる。冬は、雪の上にでているダケカンバの木の芽を食べる。

冬に群《む》れで生活していたライチョウのオスは、四月下旬《げじゅん》から五月中旬《ちゅうじゅん》になると、強いものから順になわばりを決めて群れから離《はな》れていく。オスはあざやかな赤色になった肉《にく》冠《かん》と尾羽《おばね》を立てて、メスにプロポーズする。

体が夏羽《なつばね》に変わるころ、新しいつがいができる。巣づくりがはじまるのは六月だ。メスは枯《か》れ葉《は》を集め、ハイマツのかげに巣をつくる。そこに五〜七個《こ》の卵《たまご》を産み、温めはじめる。オスは、なわばりにほかのオスや敵《てき》が入らないように、見はりをつづける。

卵を温めはじめて約二二日で、ひなはふ化する。かえったひなは、よく日には親につれられて巣を離れ、自分で餌《えさ》を食べはじめる。ひなが産まれるのは七月だが、ふ化して二週間でひなの数は半分に減《へ》ってしまう。天敵《てんてき》におそわれて食べられたり、梅雨《つゆ》の時期なので雨にぬれ、冷えて死んでしまうのだ。

ひなは三週間くらいで、少しの距離《きょり》なら飛べるようになる。生きのこったひなは、天敵のすがたを学習し、自然のきびしさを知り、自分の身を守ることをおぼえていく。

八月の中ごろ、高山はもう秋だ。ライチョウたちは、成鳥《せいちょう》もひなもすぐにやってくる冬にそなえ、せっせと餌を食べる。

十月になると、夏に産まれたひなの体は親鳥とおなじくらいに成長する。十月末には、親から独立《どくりつ》して生活をはじめる。そして十一月になると、オス、メス、ひながまじり、一〇～二〇羽と群れをつくって暮《く》らすようになるのだ。

ライチョウが生きのびるのはとてもきびしい。高山では、イヌワシなどのワシ・タカ類が、空からライチョウをねらう。地上には、キツネ、テン、オコジョなどがいて、おそってくる。天敵は、成鳥もおそうし、ひな、卵も食べる。カラスも恐《おそ》ろしい敵で、ひ

秋になると、成鳥と若鳥《わかどり》は集まり、群《む》れをつくって暮《く》らす。

なや卵《たまご》を食べてしまう。

風が吹《ふ》いて雨が降《ふ》るなど天候が悪い日は、日中《にっちゅう》でも活動する。しかし晴天のときは、昼の間はすがたをあらわさず、明け方や夕方に動きまわる。イヌワシやチョウゲンボウなど、天敵《てんてき》に見つからないようにしているからだ。

ライチョウの親鳥が卵を一〇〇個《こ》産んでふ化させても、一歳《さい》まで生きられるひなは一五羽ほどである。

日本のライチョウを世界のライチョウとくらべて、大きく異《こと》なるのは、日本のライ

日本のライチョウは、人が近くに来ても恐《おそ》れず、逃《に》げない。

チョウが人間を恐《おそ》れないことだ。北アルプスや南アルプスで、登山道を人が歩いてきても、近くにいるライチョウは逃《に》げない。平気なようすで餌《えさ》を食べている。登山道の近くでどうどうと砂浴《すなあ》びをしているライチョウもいる。

ヨーロッパなど外国では、ライチョウは狩猟鳥《しゅりょうちょう》の代表となっている。狩猟の目的は食べるためで、ライチョウの肉はとてもおいしいという。そのため、ヨーロッパやアメリカでは、ライチョウは銃《じゅう》でねらう人間を恐れてきた。人間のすがたを見つけると、遠くにいても飛んで逃げてしまうのだ。

どうして日本のライチョウは、人間を恐《おそ》れないのだろう。それは、高い山には神さまがすむという山岳信仰《さんがくしんこう》が、古くから日本にあったからだ。

日本人は、稲作《いなさく》を中心にして、コメを主食として生きてきた。水田に苗《なえ》を植え、稲《いね》を育てて米をつくるのが、生活の中心だった。その稲作で大切なのは、水を確保《かくほ》することだ。水は、人びとが住んでいる里山のずっと先にある奥山《おくやま》から流れてくる。

里にすむ人間は、山から稲を育てる水と生活に大切な水を、そのほかにも家を建てる材木、食料となる動物の肉などをあたえてもらって暮《く》らしてきた。里にすむ農民も、山で働く猟師《りょうし》や木こりも、海で魚を捕《と》る漁師《りょうし》もおなじだ。日本人はどこで生活していても、山に守られ、山からめぐみを受けて暮らしてきた。山はありがたく、尊《とうと》いところだ。そして、高く大きな山には神がすんでおり、山を聖《せい》なる地として敬《うやま》ってきたのだった。

ライチョウは、神さまがすむ高い山にいる鳥である。それで古くから日本人は、ライチョウは神さまのそばにいて、神さまの使いだと考えた。ライチョウを敬《うやま》うようになり、大切にしてきたのだ。外国のように、銃《じゅう》で撃《う》ち、つかまえ、食べることはしなかった。

日本人は、高い山には神がすんでいると考えた。山の頂上《ちょうじょう》には、神をまつった祠《ほこら》や石仏《せきぶつ》がいまものこされている。

そのことをライチョウはよく知っていて、いまも人間を恐れないのだ。

　ライチョウがすんでいる富山《とやま》県の立《たて》山《やま》、長野《ながの》県の御嶽山《おんたけさん》、かつてすんでいた石《いし》川《かわ》県の白山《はくさん》などは、昔から山岳信仰がさかんな山だった。

　富山県の立山《たてやま》では、ライチョウは神の鳥、霊鳥《れいちょう》（神聖《しんせい》な鳥）として、古くから大切にされてきた。立山《たてやま》信仰がはじまるのは、飛鳥《あすか》時代の西暦《せいれき》七〇一年だ。立山《たてやま》の人たちは、ライチョウ、クマ、タカは神さまの使いだから、決してつかまえてはいけないといって敬《うやま》ってきた。それで立山《たてやま》の神社のお札《ふだ》には、ライチョウが描《えが》かれている。

立山《たてやま》・芦峅寺《あしくらじ》の人たちは、農閑期《のうかんき》になると全国にでかけ、立山信仰《たてやましんこう》のすばらしさを説いてまわった。そして立山《たてやま》にお参りにくるように誘《さそ》ったのだ。そのときに立山《たてやま》の人たちは、ライチョウの護符《ごふ》を配って、災難《さいなん》よけ、雷《かみなり》よけのために家に貼《は》ってもらった。護符だけでなく、ライチョウの羽も貴重《きちょう》なものとされていた。病人をライチョウの羽でなでると病魔《びょうま》が逃《に》げていくといったのだ。

御嶽山《おんたけさん》でも、ライチョウは神さまの使いだった。

石川《いしかわ》県にある白山《はくさん》で、白山信仰《はくさんしんこう》がはじまったのは、奈良《なら》時代の西暦《せいれき》七一七年である。立山《たてやま》信仰のはじまりとおなじころだ。室町《むろまち》時代には、越前《えちぜん》（いまの福井《ふくい》県北部）の平泉寺《へいせんじ》はとても栄えていて、四八の神社、三六〇のお堂《どう》、お坊《ぼう》さんの家である坊院《ぼういん》は六〇〇〇も建てられていたという。そのころ、もうライチョウは神の鳥としてあがめられていた。平安《へいあん》時代の終わり、後鳥羽上皇《ごとばじょうこう》は白山《はくさん》信仰とライチョウの和歌をつくっている。

＊護符《ごふ》……守《まも》り札《ふだ》。神や仏《ほとけ》の名や像《ぞう》をかいたもので、これを身につけるとわざわいや災難《さいなん》からのがれさせるという。

ライチョウの護符《ごふ》。まん中にはライチョウと炎《ほのお》がかかれ、「雷様之宝《かみなりさまのたから》」の文字がある。（半田《はんだ》市立図書館蔵《ぞう》）

江戸《えど》時代の博物学者・毛利梅園《もうりばいえん》がかいたライチョウの絵。（『梅園禽譜《ばいえんきんぷ》』国立国会図書館蔵《ぞう》より）

「しら山《やま》の　松《まつ》の木陰《こかげ》にかくろひて　やすらにすめる　らいの鳥《とり》かな」
（意味《い》：白山《はくさん》の山に行くと、ハイマツのかげにかくれておだやかに生活しているライチョウに会うことができるよ。）

江戸《えど》時代になると、神の山にすむライチョウに対する関心はいっそう高まっていった。江戸時代の中期から後期になると、白山《はくさん》、立山《たてやま》、御嶽山《おんたけさん》への信仰《しんこう》登山はとてもさかんになったからだ。人びとは、ライチョウの絵に後鳥羽上皇《ごとばじょうこう》の和歌をそえた絵馬《えま》をつくって、火難《かなん》よけ、雷《かみなり》よけとした。

その時代に越前《えちぜん》の加賀藩《かがはん》では、立山《たてやま》の芦峅寺《あしくらじ》に命令をだした。ライチョウをつかまえる者がいないか、見回りをせよという命令だった。また加賀藩は、絵師《えし》を立山《たてやま》や白山《はくさん》に登らせて、ライチョウの絵を描《えが》かせた。ライチョウを積極的に保護《ほご》していたのである。

5章 地球温暖化《おんだんか》が進んでいる

温暖化《おんだんか》とはなんだろう

「気象観測《かんそく》がはじまってから、今年はもっとも平均《へいきん》気温が高い年になりました」

毎年、十二月になるとテレビでは、きまってこんなニュースが流れる。ニュースのとおり、日本や世界の平均気温は毎年高くなっていて、記録をぬりかえている。たとえば、二〇一五年の日本の平均気温は、前年より〇・六九℃高かった。二〇一六年は前年より〇・八八℃高く、二〇一七年は前年より〇・二六℃高かった。

世界の平均気温もおなじように、毎年上昇《じょうしょう》している。「IPCC《アイピーシーシー》の報告書《ほうこくしょ》」というの

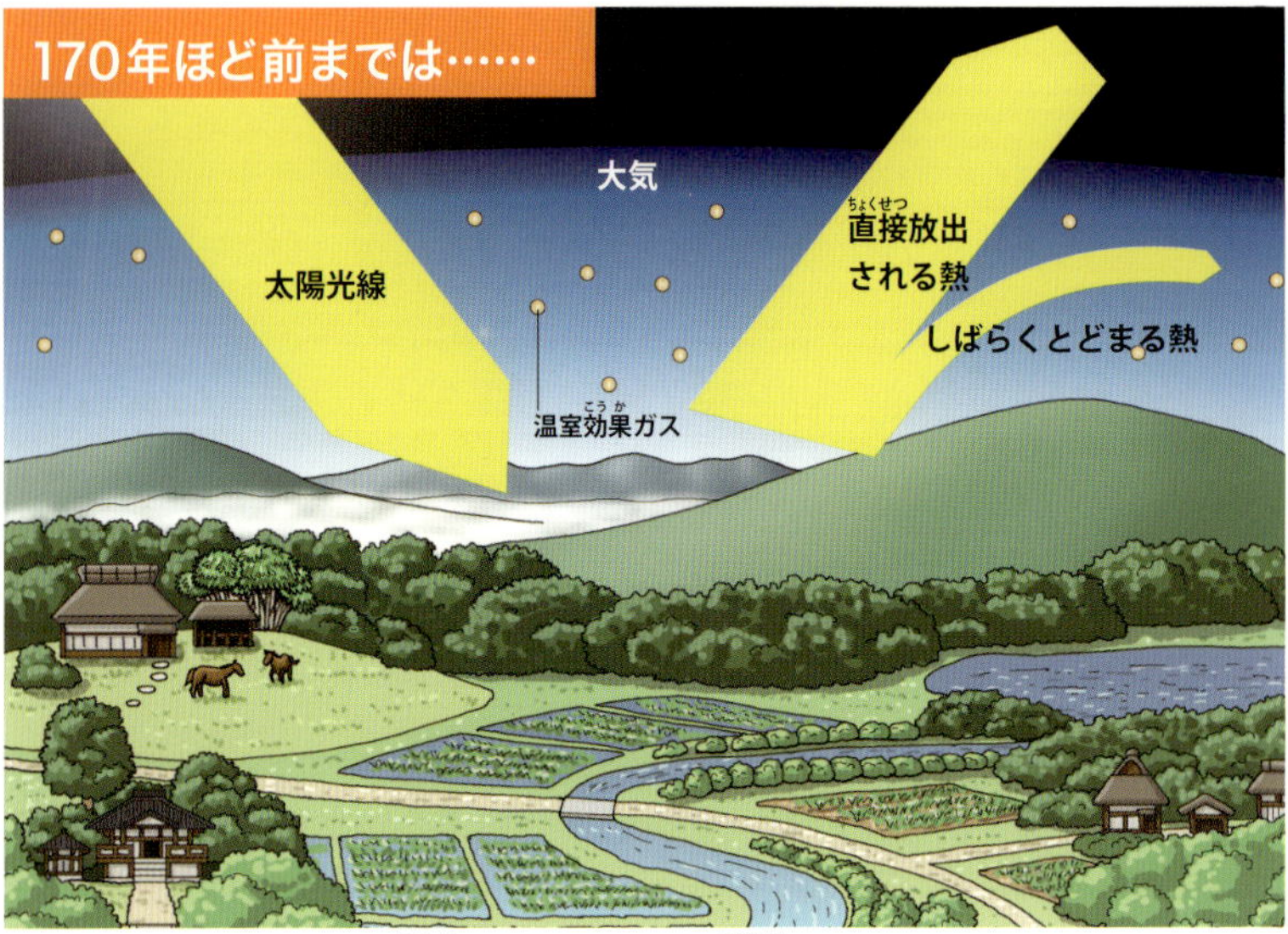

地球のまわりにある温室効果《こうか》ガスは、以前は適当《てきとう》なバランスをたもつはたらきをしていた。気候は温暖《おんだん》で、人や生き物は快適《かいてき》に暮《く》らしていた。

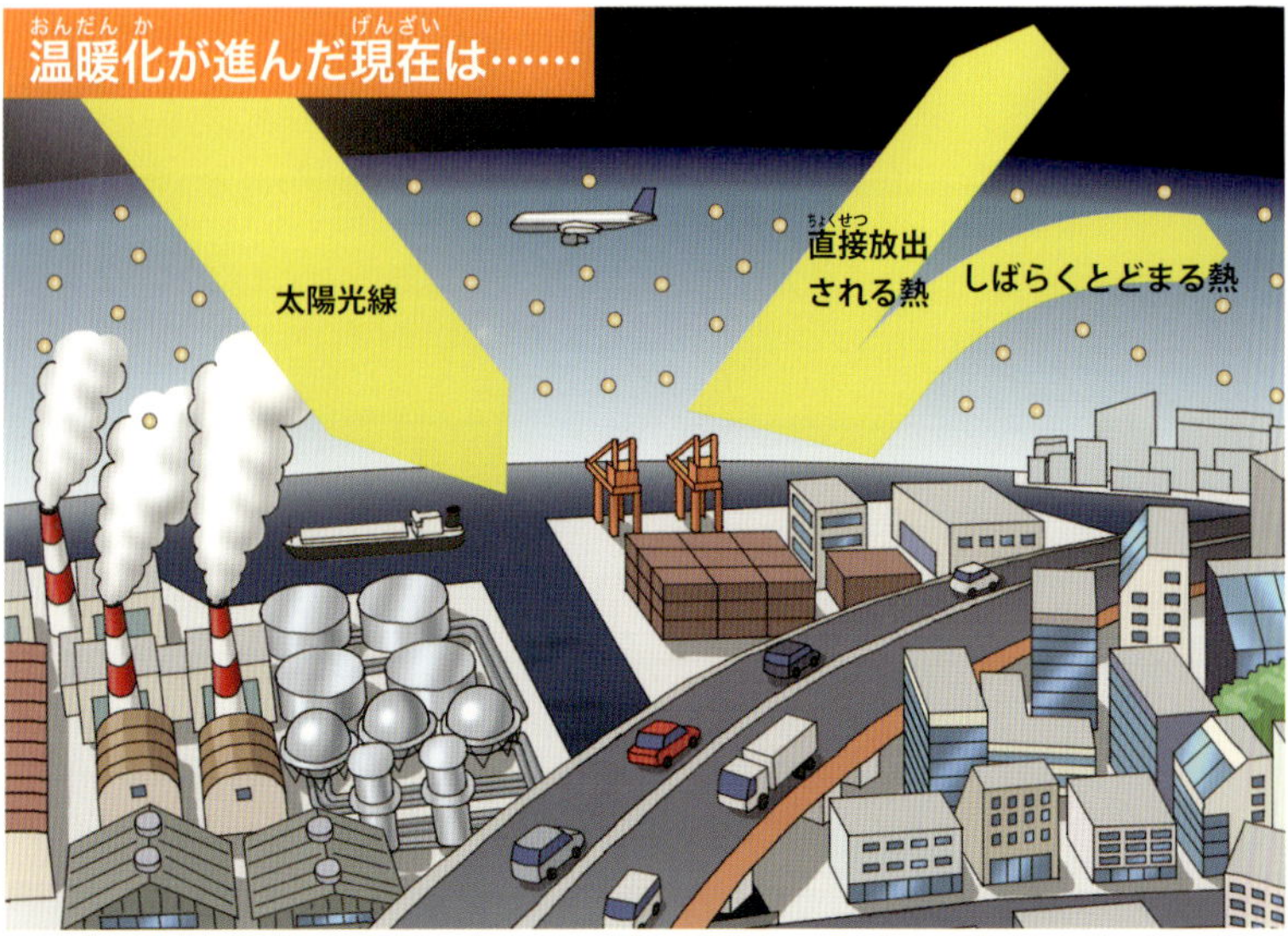

人間のさまざまな活動で温室効果ガスがふえてきた。そのため大気中にとどまる熱量がふえ、地球の気温は年々上昇《じょうしょう》している。

がある。世界の温暖化《おんだんか》について、国連《こくれん》の機関が発行している報告書《ほうこくしょ》のことだ。世界の科学者の八〇〇人以上が、地球温暖化についての研究論文《ろんぶん》を集め、その内容《ないよう》をしっかり確《たし》かめ、信頼《しんらい》できるものだけを選んでまとめている。その第五次報告書には、一八八〇年から二〇一二年の一三二年間で地球の平均気温《へいきんきおん》は〇・八五℃上昇《じょうしょう》した、と書いてある。

毎年少しずつ気温が上がっていく温暖化の影響《えいきょう》は、世界各地にあらわれている。大型の台風が発生する、集中豪雨《ごうう》がおきる、大雪がひんぱんに降《ふ》る。そうかと思うと、雨が少しも降らずに干《かん》ばつになって苦しむ地域《ちいき》もあったりする。以前はなかった異常《いじょう》気象が、世界の各地でたびたびおこっているのだ。

地球の平均気温が、高くなっている原因《げんいん》はなんだろう。それは、人間の活動によって発生する「温室効果《こうか》ガス」だといわれている。二酸化炭素《にさんかたんそ》などの温室効果ガスが、大気中にふえすぎたことが原因となっている。

温室効果ガスというのは、地球のまわりを温室のビニールのように取りかこんでいて、地球を温かくしている。温室効果ガスがあることで地球の平均気温は約一五℃にた

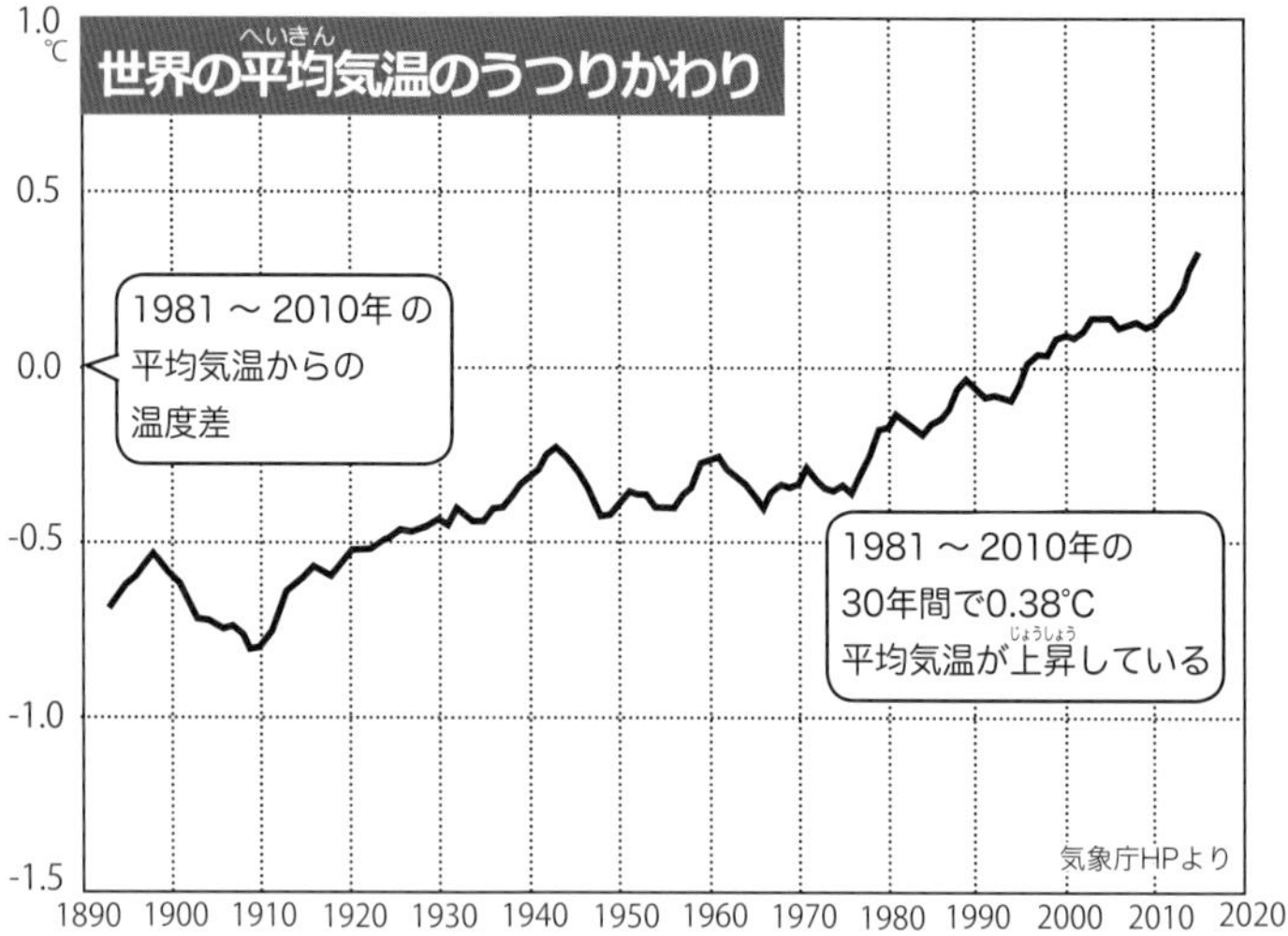

1980 年代以後から、世界的に高温となる年が多くなっている。

もたれ、人間や生き物は快適《かいてき》に生活することができる。しかし温室効果《こうか》ガスがなくなると、地球の気温は約マイナス一八℃の冷《れい》凍庫《とうこ》のようになってしまうのだ。

長い間、温室効果ガスは適当《てきとう》なバランスをたもっていて、人間や生き物はそこで暮《く》らしてきた。しかし近年、そのバランスがくずれだした。人間のさまざまな活動によって、大量の温室効果ガスが大気中に放出され、地球の気温が上昇《じょうしょう》しているのだ。

温室効果ガスの代表的なものは「二酸化《にさんか》炭素《たんそ》」で、二五〇年前までは空気中に〇・〇二八パーセントしかふくまれていなかった。いまはその約一・四倍になっている。

一八世紀後半にイギリスで産業革命《かくめい》がおきて、石炭を燃《も》やして動く蒸気《じょうき》機関が発明された。その後、人間は石炭だけでなく、石油や天然ガスも使うようになった。世界の産業はどんどん発展《はってん》し、地中の石炭、石油、天然ガスが使われる量は大きくなった。石炭や石油などの資源《しげん》は「化石燃料《ねんりょう》」といい、化石燃料が燃やされると二酸化炭素がでる。

化石燃料は、機械を動かし、発電所で燃やされて発電機を回して電気をおこす。電気は、現代《げんだい》の生活になくてはならないものだ。家や会社の照明、電化製品《せいひん》、電車、エスカレーターなど、みんな電気で動く。現代《げんだい》の人間は、電気なしでは生活できない。つまり化石燃料の恩恵《おんけい》をたっぷり受けて、私《わたし》たちの生活は成り立っているのだ。化石燃料が放出する二酸化炭素の量は大きくふえてしまった。

熱帯雨林などの森林は、二酸化炭素を吸収《きゅうしゅう》し、酸素《さんそ》を供給《きょうきゅう》してくれている。ところが、農地を広げるために森林は伐採《ばっさい》され、地球上からどんどん失われていっている。森林が二酸化炭素を吸収する量が減少《げんしょう》したことも、温室効果ガスがふえつづける原因《げんいん》になっている。ほかに、メタン、二酸化窒素《にさんかちっそ》、フロンなども温室効果《こうか》ガスである。どの排出原因《はいしゅつげんいん》にも共通するのは、すべて人間の活動がかかわっていることだ。

温暖化《おんだんか》が進んでくると、地球の自然環境《かんきょう》にいろいろ影響《えいきょう》がでるようになった。世界の海面の水位は、毎年確実《かくじつ》に上昇《じょうしょう》している。氷河《ひょうが》がとけて、水が海に流れだしているし、海水が熱でふくれる。そのため海面水位は、一〇〇年前にくらべて平均《へいきん》約二〇センチメートルも上昇した。このまま温暖化が進めば、二一〇〇年までに、一九九〇年の海面とくらべて最大六〇センチメートルほど世界の海面が上昇する。そう科学者たちは予測《よそく》している。

海面上昇の影響をいちばんに受けるのは、南太平洋《みなみたいへいよう》の小さな島国だ。その地域《ちいき》では、海抜《かいばつ》が低いところで多くの人が生活している。温暖化で海面が上昇すれば、南太平洋の島じまはつぎつぎに海に沈《しず》んでしまうこととなる。

世界でもっとも高いヒマラヤ山脈でも、温暖化の影響はあらわれている。ヒマラヤ山脈とその周辺には、大きな氷河がある。そこで、琵琶湖《びわこ》の一・七個分《こぶん》に相当する氷河の氷が毎年減少《げんしょう》していたとわかった。北海道《ほっかいどう》大学の日置幸介教授《へきこうすけきょうじゅ》と大学院生の二人が、二〇〇三年から〇九年の米国の人工衛星《えいせい》の軌道《きどう》データを分析《ぶんせき》してわかった。

ヒマラヤ山脈には、面積約一一万四八〇〇平方キロメートルの山岳氷河《さんがくひょうが》がある。その氷河で、一年に四七〇億トンの氷がとけていたのだ。これは、氷河の厚《あつ》さが年平均約四〇センチメートル薄《うす》くなっていることだという。

「数十年でヒマラヤの山岳氷河がなくなってしまうことはないが、地球温暖化で氷河がとけるスピードは、速くなっているのではないか。乾期《かんき》に下流のガンジス川などの流量が減《へ》ってしまい、ガンジス川の流域《りゅういき》の農業に深刻《しんこく》な被害《ひがい》をあたえるかもしれない」

日置《へき》教授は心配している。

生き物たちに異変《いへん》が

地球温暖化の影響は、身を守る手段《しゅだん》をもたない生き物の生活にはっきりあらわれる。

日本列島の海や山で、いま多くの生き物たちに異変《いへん》がおきている。

とても目立った異変の一つは、日本の海でサンゴが「白化《はっか》」におびやかされていることだ。サンゴはサンゴ虫という動物で、イソギンチャクやクラゲのなかまだ。サンゴの体には、褐虫藻《かっちゅうそう》という藻類《そうるい》がすみついている。褐虫藻《かっちゅうそう》は光合成《こうごうせい》をして、サンゴに栄養分をあたえている。サンゴの生息に適《てき》した海水温は、二五～二八℃といわれている。なのに三〇℃をこえる時間が長くつづくと、褐虫藻《かっちゅうそう》はサンゴから抜《ぬ》けでていってしまう。すると褐虫藻《かっちゅうそう》の色素《しきそ》はなくなり、サンゴは白く見えるのだ。これをサンゴの「白化」と呼《よ》ぶ。早く温度が落ちつけば褐虫藻《かっちゅうそう》はもどってくるが、もどらないとサンゴは栄養分があたえられず、白化したままで死んでしまう。

沖縄《おきなわ》・石垣島《いしがきじま》と西表島《いりおもてじま》の間には、石西礁湖《せきせいしょうこ》が広がっている。日本で最大のサンゴ礁域《しょういき》だ。その海には、約四〇〇種のサンゴが生息している。

二〇〇七年の七月下旬《げじゅん》から八月上旬《じょうじゅん》にかけて、この地方では晴天がつづいた。気温、海水温ともにどんどん上昇《じょうしょう》し、石西礁湖《せきせいしょうこ》で白化が進んだ。直径一メートルのテーブルサ

海水温が高くなり、白化《はっか》して死んでしまった沖縄《おきなわ》・石西礁湖《せきせいしょうこ》のサンゴ。

ンゴも多く死んだ。青色の海中に、白くなったサンゴが多くのこされた。九月に環境《かんきょう》省《しょう》が調べたところ、三三地点中、二六地点で八〇パーセント以上のサンゴが白化していた。そして恐《おそ》ろしいのは、サンゴが死んだ海からは、魚などほかの生き物も消えてしまっていたことである。

このサンゴの白化現象《はっかげんしょう》は、九州《きゅうしゅう》、四国《しこく》の海でも、また和歌山《わかやま》県の海でもおきた。

沖縄の海でのサンゴの白化現象は、その後もつづいていた。二〇一六年の六月から八月、海水温を下げる台風も少なく、海水温の高い状態《じょうたい》がつづいた。その結果、各地でサンゴの白化現象《はっかげんしょう》が見られた。石西礁湖《せきせいしょうこ》では、またサンゴの大規模《だいきぼ》な白化現象がおきたのだ。石西礁湖《せきせいしょうこ》の三五地点のうち九七パーセントで白化現象が見られた。そのうち半分以上のサンゴが死滅《しめつ》していた。

温暖化《おんだんか》による気温上昇《じょうしょう》は、昆虫《こんちゅう》の世界にも影響《えいきょう》をあたえている。ナガサキアゲハというチョウが、北に分布《ぶんぷ》を広げているのだ。このチョウは、以前は西日本、九州《きゅうしゅう》や南四国《みなみしこく》でしか見られなかったのに、いま北上をつづけている。

ナガサキアゲハは、羽をひろげると九〜一二センチメートルあり、日本産のチョウでは最大級の種類だ。このチョウは、インドから東南アジアの熱帯や中国南部《ちゅうごくなんぶ》などにすんでいる。日本は分布の北限《ほくげん》だ。幼虫《ようちゅう》はミカン科の植物、ユズやカラタチ、グレープフルーツの葉などを食べる。

一九四〇年、ナガサキアゲハがいたのは山口《やまぐち》県の西端《せいたん》だったが、五年後には四国《しこく》の高知《こうち》市や室戸《むろと》市まで進んだ。一九六〇年には香川《かがわ》県と淡路島《あわじしま》の洲本《すもと》市をこえて、北上していった。一九九七年には静岡《しずおか》県浜松《はままつ》市に来て、その後神奈川《かながわ》県横浜《よこはま》市と東京都にもあら

ナガサキアゲハ。もともとは九州《きゅうしゅう》あたりにすんでいた大型のチョウだ。

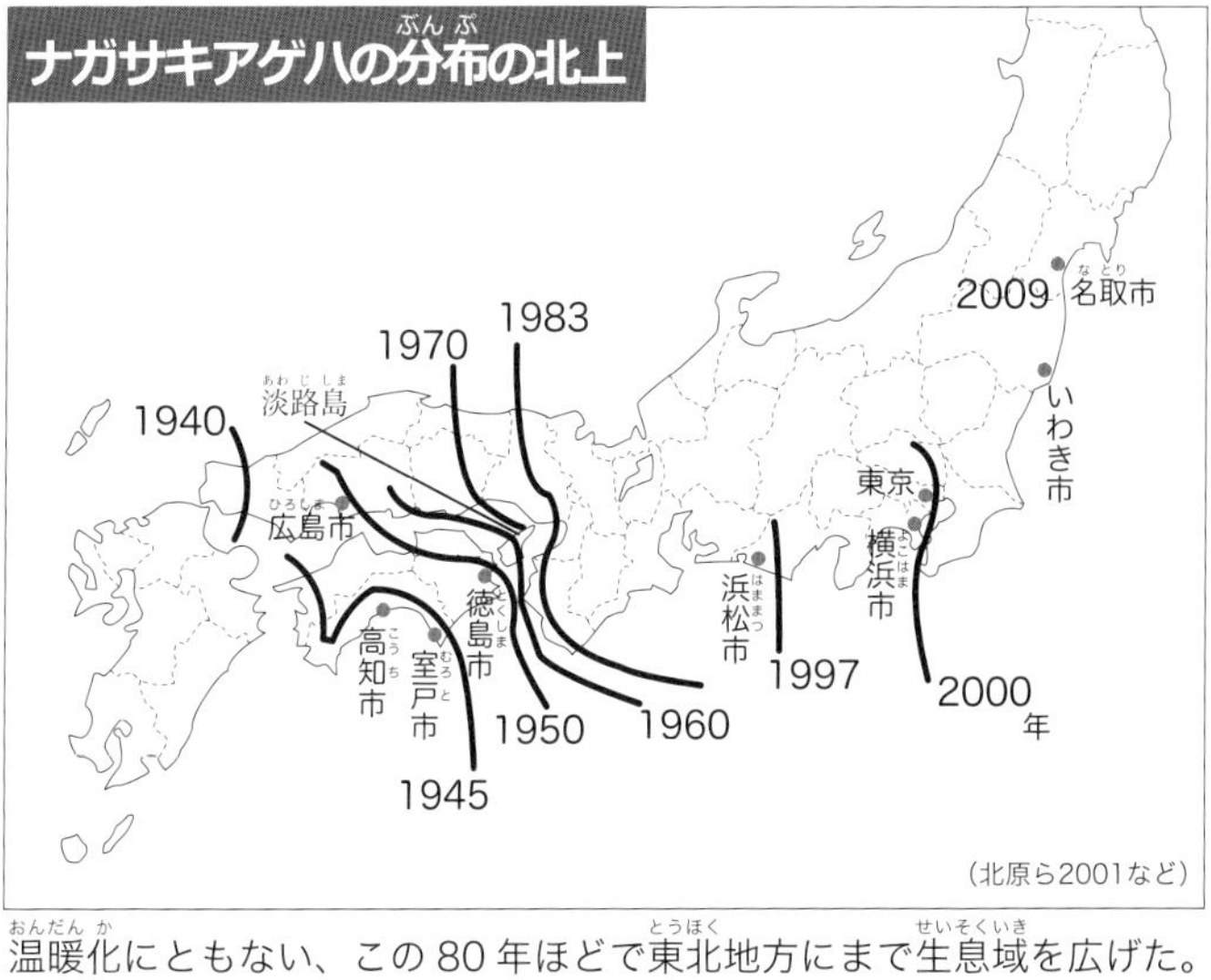

温暖化《おんだんか》にともない、この80年ほどで東北《とうほく》地方にまで生息域《せいそくいき》を広げた。

われた。二〇〇九年になると関東《かんとう》北部でたくさんふえ、おなじ年には福島《ふくしま》県いわき市で幼虫《ようちゅう》が、宮城《みやぎ》県名取《なとり》市で成虫が確認《かくにん》されたのだ。

温暖化《おんだんか》によって、日本各地の気温は少しずつ上昇《じょうしょう》している。年平均《へいきん》気温が一五℃になると、その地にナガサキアゲハが飛んできてすみはじめる。ナガサキアゲハが北上する現象《げんしょう》の観察をつづけると、日本列島の温暖化のようすがわかってくるのだ。

秋から冬、広い水田の上空を、サオになりカギになり、編隊《へんたい》を組んで飛んでいく大形の水鳥といえばマガンだ。シベリアで子育てしたマガンは、日本には冬鳥《ふゆどり》として渡《わた》ってくる。その渡りにも温暖化の影響《えいきょう》があらわれている。

一九八〇年代まで、日本にやってくるマガンの北限《ほくげん》の越冬地《えっとうち》は、宮城県の伊豆沼《いずぬま》だった。毎年、五万羽以上のマガンが伊豆沼《いずぬま》で冬を越《こ》していた。ところが一九九〇年ごろから、渡りの中継地《ちゅうけいち》だった秋田《あきた》県の小友沼《おともぬま》などで冬を越す群《む》れがあらわれた。そして一九九五年の冬には、本州《ほんしゅう》へは渡らないで、北海道《ほっかいどう》で越冬する群れがでてきたのだ。

北海道の南部・新《しん》ひだか町《ちょう》で、マガン四一羽、ヒシクイ一羽が越冬するのが観察され

温暖化《おんだんか》で、秋に北極圏《ほっきょくけん》から日本に渡《わた》ってくるマガンの数がふえた。

た。その後、北海道の伊達《だて》市、むかわ町《ちょう》でもマガンが越冬するのが確認されている。

その理由を考えると、新ひだか町では一九六〇年代までは、町には一面雪が積もり、川には厚《あつ》い氷が張《は》っていた。それが一九九〇年代になると、温暖化によって湖や沼《ぬま》、餌場《えさば》となる牧草地、水田は凍《こお》らなくなった。マガンが冬も生活できる土地となったのである。宮城県の伊豆沼《いずぬま》より広い餌場があり、安全なねぐらがある北海道を越冬地に選ぶマガンの数は、これからもふえていくにちがいない。

ナガサキアゲハやマガンの行動を知っ

て、生き物のすみかが広がるのはよいことだ、と考える人がいるかもしれない。けれど生き物は、ほかの生き物を食べたり、食べられたりする「生態系《せいたいけい》」というつながりの中で生きている。一種でも生息地が変わると生態系はくずれてしまい、ほかの生き物の生活に影響《えいきょう》をあたえるのだ。

「日本の動植物のなかで、地球温暖化《おんだんか》でいちばん先に影響を受けるのは、高山帯にすむライチョウだ」

中村《なかむら》先生は、はっきりといっている。

ライチョウがすんでいる高山帯は、「森林限界《げんかい》」の上に広がっている。そこでは、背《せ》の高い木が森をつくれなくなり、背の低い木がまばらに生えているだけだ。日本の高山では、森林限界のすぐ上にハイマツ帯がみられる。ハイマツ帯はライチョウの生活には大切な場所で、昼間、敵《てき》からかくれ、繁殖期《はんしょくき》にはそこで巣をつくって卵《たまご》を産む。標高二五〇〇メートルあたりにある。

地球の気温が上昇《じょうしょう》すると森林限界の高さも、標高二五〇〇メートルより上がっていく。その結果、高山帯の面積は小さくなって、ライチョウが生活できる場所は、いまよりずっと少なくなってしまうのだ。

中村先生は、温暖化がライチョウにどのような影響をあたえるかを予測《よそく》した。その予測には、羽田教授《はねだきょうじゅ》が三〇年前にまとめたライチョウのなわばり分布《ぶんぷ》の資料《しりょう》を使った。

標高が高くなると、気温は低くなる。その割合《わりあい》は、標高が一〇〇メートル高くなるごとに、〇・五六℃低くなる。それを計算しなおすと、標高が一五四メートル高くなると気温は一℃低くなるのだ。

中村先生は、約三〇年前に調査《ちょうさ》されたそれぞれの山のなわばりについて、山の標高と緯度《いど》を調べていった。

緯度が高くなり、北に行くほどなわばりは標高の低い場所にあった。そこで、それぞれの山のもっとも低い位置のなわばりを割《わ》りだした。そこを基準《きじゅん》にして、年の平均《へいきん》気温が一℃上がると、森林限界は一五四メートル高くなると考えた。基準より下にいるライ

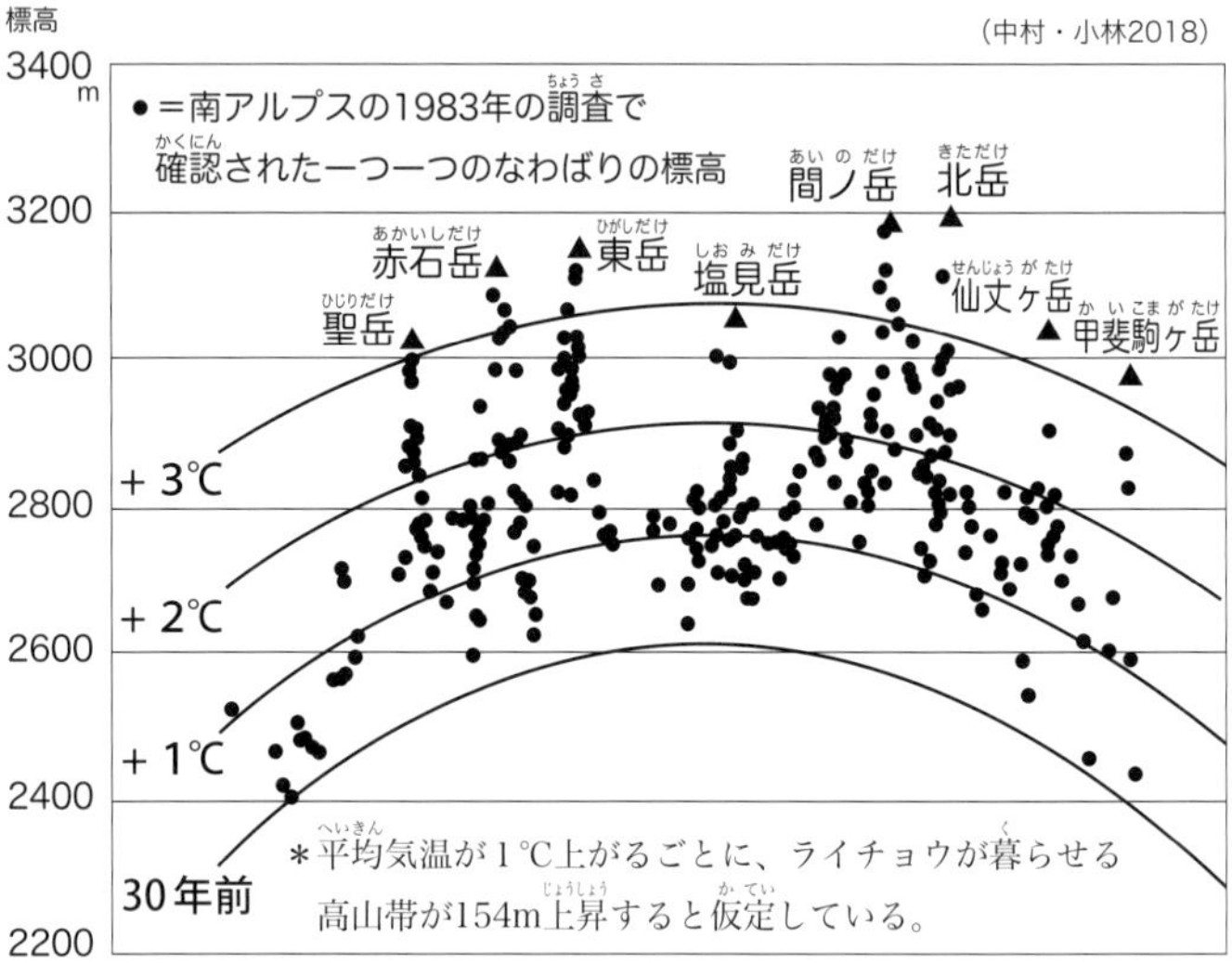

温暖化《おんだんか》が進むと、ライチョウのすめる場所はせばまり、失われていく。

チョウはなわばりがつくれず、生きのびることができなくなってしまう。

　中村先生の計算によると、日本の年平均《へいきん》気温が三℃上昇《じょうしょう》した場合、なわばりは大きく減《へ》ってしまい、ライチョウが生きのびるのはむずかしくなるという。

　三℃上昇した場合、三〇年前のなわばり数とくらべて日本全体では約九三パーセントのなわばりが減少《げんしょう》してしまう。御嶽山《おんたけさん》と乗鞍岳《のりくらだけ》のライチョウはほろびてしまい、北アルプスと南アルプスには、わずか八六のなわばりしかのこらない。そのときに生息しているライチョウの数はたった二一五羽

年平均気温《へいきん》が3℃上がると、日本のライチョウはほろびてしまう。

である。鳥類の一つの種として、この後生きのびていくことはむずかしい数となる。

年平均気温が二℃上昇の場合には、およそ六一パーセントのなわばりがなくなり、ライチョウが生きのこれるかどうかの境目《さかいめ》の数になる。年平均気温が一℃上昇したときは、約二五パーセントのなわばりが失われる。火打山《ひうちやま》のなわばりは、日本のいちばん北にあり、いちばん低い場所につくられている。火打山《ひうちやま》ではなわばりをつくれなくなり、絶滅《ぜつめつ》してしまう。

温暖化《おんだんか》の進行は、まちがいなく日本のライチョウを絶滅へと追いつめるのだ。

6章 ライチョウの研究をもう一度やる

羽田《はねだ》健三《けんぞう》教授《きょうじゅ》は、一九八六年三月に信州《しんしゅう》大学を退官《たいかん》した。

その六年後、一九九二年四月、中村《なかむら》先生は信州大学教育学部の教授となった。そしてこの年、力を注いできたカッコウの托卵《たくらん》についての研究が一段落《ひとだんらく》した。

カッコウの研究は、京都《きょうと》大学大学院から信州大学にもどった年からはじめた。それから研究生活の中心にカッコウの托卵《たくらん》をおいて、長いあいだ研究をつづけてきた。そして世界の鳥類学で、一〇〇年にわたってなぞとされてきたことをみごとに解明《かいめい》したのだ。

カッコウは、モズ、オオヨシキリ、オナガなど、いろいろな種類の鳥に托卵《たくらん》する。托《たく》卵《らん》される相手の鳥（宿主《しゅくしゅ》）の卵《たまご》にあわせ、色やもようなどがよく似《に》た卵をカッコウは産んでいた。

相手の鳥の卵に似たものを産むのだから、カッコウは相手の鳥に対応《たいおう》して、いくつかのグループに分かれて進化してきたのではないか、という考えがあった。けれど、このなぞは長いあいだ解明されなかった。このなぞを解《と》くためには、カッコウを一羽、一羽、つかまえ、標識《ひょうしき》をつけて、根気よく観察・研究するより方法はない。カッコウのメスがどんな鳥（宿主《しゅくしゅ》）の巣に、どんな卵を産んでいるのか、を確《たし》かめなければならなかった。しかし世界の鳥類学者は、だれ一人その研究をやっていなかった。

中村先生は、長野《ながの》の千曲川《ちくまがわ》の調査地《ちょうさち》で、だれもやっていないその研究をやろうと考えて、観察と研究に取り組んだ。そして成しとげたのである。

研究のさいしょにやらなければいけないのは、一羽でも多くカッコウをつかまえることだった。つかまえたカッコウに標識をつけ、一羽ずつ見わけることができれば、カッコウの行動はだんだんわかってくる。しかしカッコウはふだん高いところを飛んでいるので、つかまえるのがとてもむずかしい。

中村先生は、いくつもの方法を試みた。さいごは滑車《かっしゃ》とロープを使って、木の高いところにカスミ網《あみ》を張《は》る方法にした。その網は目に見えないような細い糸でつくられた張り網だ。高さ一五メートルもある木の上まで登って、カスミ網を張ったのである。

その方法はうまくいった。多くのカッコウをつかまえることができ、メスたちの行動を明らかにすることができた。中村先生のカッコウ研究は、木登りがうまかったから成しとげられたといってもよいだろう。

つかまえた鳥のつばさには、色の組み合わせが異《こと》なるリボンをつけて放した。電波発信機をつけて放したカッコウもいた。中村先生は一六年間に、なんと計四六七羽のカッコウをつかまえ、標識《ひょうしき》をつけて放した。

「ドクター中村は、どうしてこんなに多くのカッコウをつかまえることができるのか」

論文《ろんぶん》を読んだイギリス・ケンブリッジ大学の研究者は、ふしぎに思った。どうしても中村先生の研究しているところを見たい。それでイギリスの研究者は、わざわざ長野《ながの》までやってきた。そして、中村先生が高い木の上に張ったカスミ網でカッコウをつかまえ、調べているところを実際《じっさい》に見たのだ。

「ドクター中村の研究はすばらしい。だれにでもできるものではない」

その研究者は、ただおどろき、感心するばかりだった。そして納得《なっとく》して帰っていった。中村先生の科学的探求心《たんきゅうしん》の強さと、徹底《てってい》した研究のやり方のすごさが伝わってくるエピソードだ。

得意な木登りの技《わざ》を、鳥の研究に生かす中村先生。

中村先生は子どものころ、野原や山をかけ回って遊んでいた。木登りも得意で、高い木によく登った。京都《きょうと》大学の大学院でカワラヒワの研究をしているときには、北山杉《きたやますぎ》の職人《しょくにん》から、「ブリ縄《なわ》」という古来《こらい》の木登りの道具の使い方を教わった。それを使いこなすことができるので、高い木であってもあっさり登ることができる。

中村先生のカッコウの研究で、鳥類の多くは一夫一妻《いっぷいっさい》だが、カッコウはいろんな相手とつがいになることがわかった。子育てをやらなくなったカッコウは、決まったオスと夫婦《ふうふ》になる必要がなくなったからだ。また、メスごとに托卵《たくらん》する種類の鳥が決まっていることもわかった。

カッコウの研究が一段落《ひとだんらく》したよく年の七月。中村先生はアリューシャン列島の登山学《がく》術調査隊《じゅつちょうさたい》に参加した。アリューシャン列島には、日本と同種のライチョウが生息している。そのライチョウを自分の目で観察し、日本のライチョウとくらべてみたいと考えた。

アリューシャンの山に緑はあるが、背《せ》の高い木は生えていない。草原が山をおおっていた。北緯《ほくい》五三度の寒冷地なので、木は育たないのだ。中村先生は、アリューシャンのライチョウと会うのを楽しみにしていた。

現地《げんち》に着いて四日目、四人でウナラスカ島のマクシン峰《ほう》に登った。モーターボートで入《い》り江《え》の湿原《しつげん》まで行き、そこから歩いて登りはじめた。湿原をぬけると急な草原の斜面《しゃめん》になった。峰《みね》をめざして登っていって、小高い丘《おか》にさしかかったとき、五〇メートル先

アリューシャン列島の位置とライチョウの分布《ぶんぷ》

の草のかげから鳥があらわれた。

「いたっ、ライチョウだ」

そのライチョウは中村先生を見つけると、ぱっと飛んで逃《に》げた。カメラをかまえる時間もなかった。さらに登ったところに、べつのライチョウがいた。そのライチョウも、先生のすがたを見たとたんに飛んで逃げた。

「どうして逃げるんだ」

中村先生はあわてていた。こんなはずではなかった。アリューシャンのライチョウをじっくり観察したいと思ってきたが、近づくことすらできない。

日本のライチョウは、人を恐《おそ》れないが、ア

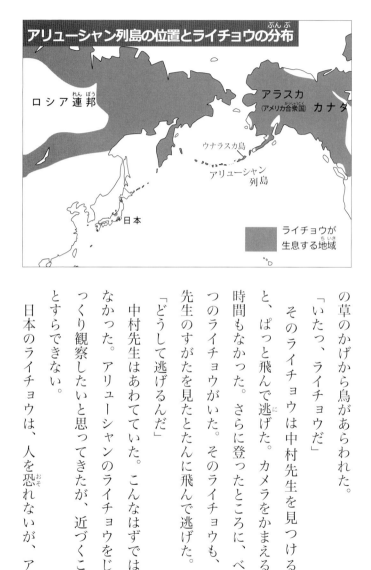

アリューシャン列島の風景。寒さがきびしく、木が生えていない。

リューシャンのライチョウは、人に対してつよい警戒心《けいかいしん》をもっていた。

その後訪《たず》ねたアリューシャンの他の島でも、ライチョウは人を恐《おそ》れているようだった。ここでは古い時代から現在《げんざい》まで、ライチョウの狩猟《しゅりょう》がおこなわれている。それで遠くからでも人を見ると、すぐに逃《に》げてしまうのだった。

アリューシャン列島の帰り、中村先生はアラスカに立ちよった。アラスカでもライチョウは、人を見つけると飛んで逃げた。

その地では、ライチョウは前から狩猟鳥《しゅりょうちょう》だ。ところが日本では、ライチョウは狩猟

アリューシャンのライチョウは、人を見つけると遠くでも逃《に》げる。

の対象ではないし、つかまえて食べたりもしない。それはどうしてか。欧米《おうべい》文化と日本文化がちがうからである。

日本には、高い山には神さまがいて人びとを守っている、という山岳信仰《さんがくしんこう》が古くからあった。ライチョウは神さまがいる高い山の鳥なので、人びとはその鳥を敬《うやま》い、大切に守ってきた。つかまえて食べることなど考えなかった。

人を恐れないライチョウがいる文化は、世界では日本だけのものだった。外国を旅し、外国の鳥を観察して、中村先生はそのことをはっきり知った。「ライチョウというのはおもしろい鳥だな」。ライチョウをこれまでとはちがう目で見るようになった。

アリューシャン列島への旅行から二年後。中村先生は、カッコウの托卵《たくらん》研究を論文《ろんぶん》にまとめた。その論文は、世界的に権威《けんい》があるアメリカの科学雑誌《ざっし》「サイエンス」、イギリスの科学雑誌「ネイチャー」に掲載《けいさい》された。そして世界の鳥類学者の注目を集めた。

論文の発表も終わって、それまでずっと力を入れてきた研究は区切りがついた。

中村先生はカッコウの托卵《たくらん》研究で、第一一回山階芳麿《やましなよしまろ》賞を受賞した。これは日本の鳥類学者のすぐれた研究に贈《おく》られる賞である。

研究論文をまとめて三年後の、一九九八年八月のことだ。長野《ながの》県の大町山岳《おおまちさんがく》博物館で、ライチョウの将来《しょうらい》について考える「ライチョウを語る会」がひらかれた。地元をはじめ、県外からもライチョウに関心をもつ人たちが、一二〇人集まった。この会で中村先生は、ライチョウの現在《げんざい》のようすと、ライチョウがかかえている問題についての講演《こうえん》をした。

ほかにも講演があり、ライチョウに関する質問《しつもん》と意見交換《こうかん》もおこなわれた。

会が終わってから懇親会《こんしんかい》がひらかれ、参加した人たちの多くがこうした会を今後もやりたいと話した。一年に一度くらいみんなが集まって、日本のライチョウの今後について意見や情報《じょうほう》交換をしたいと考える人が多くいた。

大町山岳博物館が中心になって、そうした人たちの意見や希望を集めて検討《けんとう》した。そして、「ライチョウを語る会」は、「ライチョウ会議」の設立《せつりつ》に発展《はってん》していった。二年後の二〇〇〇年八月、第一回「ライチョウ会議」が大町《おおまち》市でひらかれることになった。中村先生はみんなから推《お》され、ライチョウ会議の議長となった。

議長に推薦《すいせん》された中村先生は、ライチョウ研究に対する意欲《いよく》がつよくなっていった。そして、ライチョウ研究を再開《さいかい》しようかと考えるようになった。

研究の再開を考えだしたのは、まず、カッコウの托卵《たくらん》研究が終わったこと、それから、外国で人を恐《おそ》れるライチョウに会って、ライチョウを大切にする日本文化を見なおしたこと、そして、亡《な》くなった羽田《はねだ》教授《きょうじゅ》がやりのこしたライチョウの研究・保護《ほご》について考えたことなどであった。

三〇年前、日本アルプスの山々を歩きまわり、なわばりを調査《ちょうさ》していた日の熱い気持

ライチョウ会議での中村先生。研究を再開《さいかい》するきっかけになった。

ちがあざやかによみがえってきた。

「ライチョウの研究に、もう一度取り組んでみよう」

中村先生は決めた。

ライチョウの研究をもう一度やるのなら、羽田教授《きょうじゅ》とはちがう方法でやるつもりだった。それは、ライチョウをつかまえ、標識《ひょうしき》を取りつけ、個体《こたい》を識別《しきべつ》して調べていくやり方だ。羽田教授は、ライチョウは「神の鳥」で、他の野鳥とはちがう特別な鳥であると考えていた。だから研究のためでも、ライチョウをつかまえること、卵《たまご》にふれることを決してしなかった。学生たちにも、鳥にも卵にもふれてはいけないときびしく指導《しどう》していたのだ。

こんなことがあった。一九七五年に、北アルプスの薬師岳《やくしだけ》でライチョウ調査《ちょうさ》がおこなわれたときのことだ。大町山岳《おおまちさんがく》博物館の平林国男《ひらばやしくにお》館長が調査団《ちょうさだん》の団長《だんちょう》で、信州《しんしゅう》大学羽田研究室の学生、富山雷鳥《とやまらいちょう》研究会の人たちがメンバーだった。調査が進んでいたある日のことだ。

羽田研究室の学生だったOさんは、調査中に持ち場を離《はな》れ、見つけておいた巣からライチョウの卵を取りだし、写真を撮《と》った。それを知った羽田教授は、はげしく怒《おこ》った。怒られただけでなくOさんは、羽田研究室をやめさせられた。そのためOさんは、鳥の研究で卒業論文《ろんぶん》を書けなくなった。

Oさんは、カッコウの研究をしていた。その研究では、カッコウが宿主《しゅくしゅ》の巣に産んだ卵を取りだして、記録《きろく》のために写真を撮っていた。カッコウの卵が宿主《しゅくしゅ》の卵とどう似《に》ているか、どうちがっているかを確《たし》かめるためだ。ふだんの調査でやっていることを、Oさんはライチョウの調査でもやった。そして、羽田教授のはげしい怒《いか》りにあったのだ。

羽田教授《きょうじゅ》にとって、ライチョウは「神の鳥」であり、科学的な研究の対象をこえる特別なものだったのだ。

中村先生は、それまでカワラヒワやカッコウの研究で、対象にした鳥をつかまえ、標《ひょう》識《しき》をつけ、*個体《こたい》の識別《しきべつ》をして研究してきた。再開《さいかい》する研究では、つかまえたライチョウに標識をつけようと考えていた。

そうすれば、ライチョウのことをよりくわしく調べることができる。いままで解《と》き明《あ》かされていないライチョウの寿命《じゅみょう》、年間の死亡率《しぼうりつ》、死亡の原因《げんいん》、生存率《せいぞんりつ》、つがい関係……。いろいろなことがわかってくると確信《かくしん》していた。

ライチョウの血液採集《けつえきさいしゅう》もやりたいと思っていた。血液を分析《ぶんせき》すれば、遺伝子《いでんし》の解析《かいせき》もできる。すると、約二万年前にライチョウが大陸から日本に入ってきた後、どのように集団《しゅうだん》が分かれていったのかがわかる。

中村先生は、科学的な研究はライチョウの保護《ほご》を前進させると考えていたのだ。

＊個体《こたい》の識別《しきべつ》……鳥や生き物の一つずつのちがいを見わけること。

7章 新しい調査《ちょうさ》がはじまった

中村《なかむら》先生は、ライチョウの新しい調査《ちょうさ》を、北アルプスの南、乗鞍岳《のりくらだけ》でスタートさせることに決めた。

二〇〇一年春からその準備《じゅんび》がはじまった。新しくはじめる調査で、中村先生がやろうと考えていたのは、乗鞍岳《のりくらだけ》にいるすべてのライチョウをつかまえ、標識《ひょうしき》（足環《あしわ》）をつけることだった。半年ほどかけて検討《けんとう》して、乗鞍岳《のりくらだけ》でやるのがいちばんよいと決めた。

その理由は、まず、乗鞍岳《のりくらだけ》へはライチョウがいる高山帯まで車で行けること。そして乗鞍岳《のりくらだけ》は独立《どくりつ》した山なので、ほかの山域《さんいき》からライチョウが入ってきたり、でていったりすることはない。それで調査《ちょうさ》がしやすいのである。さらに、生息している数も一二〇羽くらいだから、調査するのにはちょうどよい大きさの集団《しゅうだん》だった。

乗鞍岳《のりくらだけ》のライチョウに標識《ひょうしき》をつけると、個体《こたい》の識別《しきべつ》ができるようになる。そうすれば、乗鞍岳《のりくらだけ》で二度目、三度目の調査をするとき、そこにいたライチョウが、前につかまえた鳥かどうか、すぐにわかる。そして、標識をつけた鳥を長い時間観察すれば、その鳥が動きまわっている範囲《はんい》や、決まって生活している場所がわかってくる。

つがいだったら、つぎの年もおなじオス・メスでつがいになっているか、ちがう相手とつがいになったかがわかる。標識をつけることによって、つけないで観察していたときよりいろんなことがわかってくる。

しかし、ライチョウに標識をつけるためには、役所の捕獲《ほかく》の許可《きょか》がいる。特別天然記念物に指定されている鳥なので、環境省《かんきょうしょう》、文化庁《ぶんかちょう》、林野庁《りんやちょう》、地元の県や市町村など、関係するいくつもの役所からの許可が必要なのだった。八月末になって、ようやくぜんぶから捕獲の許可をもらった。

乗鞍岳《のりくらだけ》の畳平《たたみだいら》。ライチョウのすむこの場所まで車で登ることができる。

調査のメンバーは、中村先生と大学院生の北原克宣《きたはらかつのぶ》くん、そして研究室の大学生たちだった。九月九日からライチョウをつかまえる作業を開始した。つかまえた一羽、一羽に標識をつけていく。

つかまえるための道具は、カスミ網《あみ》にした。カスミ網は、ナイロンの糸などで編《あ》んだ網で、両側に立てた竹の棒《ぼう》が支柱《しちゅう》になる。糸が細くて、網を張《は》ると薄《うす》くカスミがかかったように見えるので、カスミ網といった。渡《わた》り鳥《どり》の調査のときなどに、よく使われている。

「いたっ、あそこに五羽のライチョウがい

る」

学生の一人が、ライチョウがいるのを見つけた。ライチョウが進んでいく先に、竹の棒《ぼう》を二本立てる。竹をひもで岩にしばりつけ、カスミ網《あみ》を張《は》った。そこにライチョウを追いこんでいけば、つかまえることができる。

「ほーら、ほらほら」

「どんどん進んでいくんだぞ」

五人で声をあげながら、ライチョウを網に追いこんでいく。ライチョウたちは、のんびり餌《えさ》を食べながら歩いていく。網の五メートル手前に来た。

「それーっ」

中村先生が号令をかけた。全員が網に向かって走った。

号令と追ってくる人間におどろいて、ライチョウは逃《に》げだした。カスミ網を飛びこえるのや、学生たちのそばをすりぬけて走っていくのがいた。一羽も網にかからなかった。欲《よく》ばって、五羽を一度につかまえようとして、ぜんぶに逃げられてしまった。

「だめだった、まとめてつかまえようとしたのが失敗だった」

つぎは欲ばらないで、確実《かくじつ》に一羽だけをねらうことにした。こんどは、ゆっくり慎重《しんちょう》に網に追いこんでいった。けれど、さいごでするりと逃げられた。

「のろのろ追いかけているから、逃げられるんだ。もっとうまくやれっ」

中村先生が大きな声ではっぱをかけた。

その後も、全員で声をだしてライチョウを懸命《けんめい》に追いかけた。けれど何回やっても、カスミ網にはかかってくれない。逃げられてばかりだった。

ライチョウたちには張ってある網が、しっかり見えているようだ。

「だめだ。網を張る場所を、もっとわからない場所に変えよう」

ハイマツが高さ一メートル、幅《はば》二メートルほどかたまって生えているところがあった。そのすぐ後ろに網を移動《いどう》した。そしてハイマツの手前までライチョウを追い立て、一羽捕《と》らえることができた。

「やった、ライチョウをつかまえたぞ」

一羽つかまえただけなのに、一〇〇羽をつかまえたような喜びようだ。すぐに、体長、翼長《よくちょう》、体重などを測《はか》って記録する。そして、番号の入った足環《あしわ》一個《こ》と、色のついたプラスチックの足環を三個、両足に取りつけて放した。

作業をはじめてから三時間がたっていた。中村先生も北原くんも、手伝いの学生たちも、ライチョウを追い立てる作業につかれていた。

一日目は、たった一羽だけで作業を終えることとなった。

二日目の午前中には、ひな四羽、午後にオス二羽をつかまえた。二日間がんばって、たったの七羽しかつかまえられなかった。

九月下旬《げじゅん》に、二回目の捕獲《ほかく》作業をおこなうことにした。このときもカスミ網《あみ》を使った。二日間かけてライチョウを追い立て、収穫《しゅうかく》はオス二羽、メス一羽、ひな三羽の計六羽だった。二回の捕獲作業での成果は、たったの一三羽だ。

「効率《こうりつ》が悪いなあ。四日間やって一三羽では、この先が思いやられる。乗鞍岳《のりくらだけ》ぜんぶのライチョウをつかまえるのに、何年もかかってしまう」

ライチョウ1羽1羽に、組み合わせのちがう色の足環《あしわ》をつけた。

中村先生のことばに、北原くんや学生たちはうなだれた。

「もっといい方法がないか、考えよう」

カスミ網では、手間と時間ばかりかかって、調査《ちょうさ》は少しも進まない。

もっと簡単《かんたん》なやり方で、確実《かくじつ》にライチョウをつかまえる方法はないのか。その日から毎日、中村先生はライチョウをつかまえる方法を考えていた。

「いい方法を思いついたぞ」

ひらめいたのは、釣《つ》りざおとワイヤーのリングを使ってやる方法だった。

ホームセンターに行って、ちょうどよい

ワイヤーを見つけ、それでリングをつくって釣《つ》りざおの先につけた。

ライチョウを見つけたら、ワイヤーのリングをライチョウのほうにさしだしていき、そっと首に引っかける。ワイヤーが首にかかったら引っぱる。するとワイヤーがしまって、ライチョウがつかまえられるはずだった。

「ちゃんと使えるかどうか、現地《げんち》で試してみよう」

乗鞍岳《のりくらだけ》に行ってやってみると、簡単《かんたん》にライチョウをつかまえることができた。カスミ網《あみ》よりずっとよい。つかまえたときにワイヤーがライチョウの首をしめるのだが、すぐにワイヤーをゆるめれば問題はない。

つがいや小さな群《む》れでいる一羽をつかまえても、ほかの鳥が逃《に》げることはなかった。群れを一羽ずつつかまえていき、ぜんぶつかまえることができた。

「よし、いいぞ。これで捕獲《ほかく》作業がはかどる」

中村先生はにこにこしていた。

その方法で作業を進め、二週間で二一羽をつかまえることができた。繁殖期《はんしょくき》の五・六

釣《つ》りざおとワイヤーリングを使い、上手にライチョウをつかまえる。

月と、ひなが成長した九・一〇月に集中して、捕獲作業をやった。この方法は、釣りざおを使うので「ライチョウ釣り」と呼《よ》ぶことにした。

中村先生も手伝いの学生たちも、どんどんライチョウをつかまえていった。二〇〇一年には、目標にした数の九〇パーセントのライチョウをつかまえ、標識《ひょうしき》をつけることができた。

北アルプス、南アルプスなど、おもな山での生息数調査《ちょうさ》もはじめた。その調査をやれば、前回、一九八五年に羽田《はねだ》教授《きょうじゅ》が発表した日本のライチョウ生息数と、どれくらい異《こと》なっているかが比較《ひかく》できるのだ。

二〇〇一年には、白馬岳《しろうまだけ》と乗鞍岳《のりくらだけ》でなわばり数調査《ちょうさ》をおこなった。白馬岳《しろうまだけ》では、二四のなわばりを確《たし》かめることができた。これは二二年前にやった調査とおなじなわばり数だった。乗鞍岳《のりくらだけ》でも五〇のなわばりを確かめ、一九八三年におこなった調査のなわばり数とおなじことがわかった。

二〇〇二年には、御嶽山《おんたけさん》と火打山《ひうちやま》でなわばり数調査をやった。御嶽山《おんたけさん》では以前の調査ではなわばり数は二八だったが、二二に減《へ》っていた。火打山《ひうちやま》でやった前回の調査は一九六七年で、三五年後の二回目の調査となった。八のなわばりがあり、二一羽の個体《こたい》がいることがわかった。前とおなじ数だった。

研究再開《さいかい》のさいしょの二年間に調査した山は、どれも前回の調査と大体おなじなわばり数か、やや少ない数という結果がでた。

こうやって、中村先生は新しいライチョウの調査を進めていった。

8章 南アルプスのライチョウが減《へ》った

「どうしたんだ、ライチョウのすがたが見えないぞ」

南アルプスの北岳《きただけ》から中白根《なかしらね》岳《だけ》に向かう登山道を歩きながら、中村《なかむら》先生がいった。

「そうですね、フンも砂浴《すなあ》びの跡《あと》もぜんぜん見られないです」

いっしょに調査《ちょうさ》に来ている学生の片岡良介《かたおかりょうすけ》くんがこたえた。

二〇〇三年九月、中村先生は南アルプスの白根三山《しらねさんざん》に来ていた。ライチョウの新しいなわばり数調査と血液採集《けつえきさいしゅう》のためである。

南アルプスは、中村先生には忘《わす》れられない山だ。二二年前にも白根三山《しらねさんざん》に登っている。

「私《わたし》の退官《たいかん》までになんとしても調査《ちょうさ》をやりとげたいので、手伝ってほしい」

羽田教授《はねだきょうじゅ》からたのまれ、さいしょにやってきたのが南アルプスだった。そして白根三山《しらねさんざん》の調査からはじめた。北岳《きただけ》周辺にはたくさんのライチョウがいて、数多くのなわばりを確認《かくにん》した。

けれど今回はようすがちがった。二日間調査をしたが、北岳《きただけ》とその周辺でライチョウのすがたを一度も見なかった。フンや羽毛など、ライチョウが生活した跡《あと》もなかった。

「まいったな。ライチョウの声も聞こえないし、いる気配もない」

中村先生は、おどろきと落胆《らくたん》の気持ちでいっぱいだった。北岳《きただけ》に登る前、二二年もたっているから環境《かんきょう》も変化しており、ライチョウの数は減《へ》っているだろうと覚悟《かくご》していた。しかし、一羽も見つからないとは思ってもみなかった。これはどういうことか。

一週間後に、もう一度調べることにした。今度は北岳《きただけ》から間ノ岳《あいのだけ》をへて、農鳥岳《のうとりだけ》までをくまなく歩いた。間ノ岳《あいのだけ》から農鳥岳《のうとりだけ》にかけての登山道のわきで、中村先生は砂浴《すなあ》びしているメスのライチョウを見つけた。砂浴びしているのは親鳥で、近くには幼鳥《ようちょう》が二羽

高山帯に侵入《しんにゅう》してきたサル。ライチョウの生活をおびやかしている。

いた。

「親子だ。子どもはもう一人前のように大きくなっている」

中村先生は目を細めて親子をながめた。やっとライチョウがいた。

その三〇分後、サルの小さな群《む》れがいて、どきっとした。上の斜面《しゃめん》を見ると、一〇頭ほどのサルが先生たちをうかがっていた。強くにらみつけると、サルはこっちを威嚇《いかく》し、それからゆっくりと斜面を上がっていった。

南アルプスでは、以前はこんなことは一度もなかった。

「サルを見ると、いい気持ちはしないな」

中村先生がいった。

今回の二日間の調査《ちょうさ》では、ライチョウ二六羽を確認《かくにん》した。そして八羽をつかまえて、血液採集《けつえきさいしゅう》をすることができた。

九月と十月に二度の調査をやって、二つの異常《いじょう》に気づいた。一つは、白根三山《しらねさんざん》で二二年前とくらべ、ライチョウの数がいちじるしく減《へ》っていたこと。二つ目は、サルの群《む》れを何度も見かけ、高山帯でサルのフンを多く見つけたことだ。二〇頭の群れにも会った。前にはなかったことである。南アルプスのライチョウに大きな異変《いへん》がおきている。そのことを強く感じた。

二〇〇四年六月、中村先生は、信州《しんしゅう》大学の学生や地元の人たち八人で、五日間かけて北岳《きただけ》、間ノ岳《あいのだけ》、農鳥岳《のうとりだけ》の白根三山《しらねさんざん》をくわしく調査した。調査の結果、その山域《さんいき》でライチョウのなわばりは、四一あった。一九八一年の調査のとき、なわばりは一〇〇だったから、半分以下に減ったことになる。きびしい数字である。大きな減少《げんしょう》があったのは、北《きた》岳《だけ》から農鳥《のうとり》小屋にかけての白根三山《しらねさんざん》の北部地域《ちいき》だ。そこでのなわばりの数は、六三から一八になっていた。

白根御池《しらねおいけ》小屋から北岳《きただけ》へ登るとちゅう、「草すべり」と呼《よ》ばれるお花畑がある。そこで、たくさんのシカの足跡《あしあと》と、シカが高山植物を食べた跡《あと》を見た。シカたちは、ヤグルマソウ、ミヤマシシウドなどの高山植物を、ほとんど食べてしまっていた。けれど、トリカブトやコバイケイソウなど毒のある植物は、少しも食べずにのこしていた。

そのつぎの年の六月、中村先生は南アルプス南部の聖岳《ひじりだけ》から光岳《てかりだけ》に登った。この山も前に調査で来ている。二一年後にどう変わっているかを、確《たし》かめたいと思っていた。長《なが》野《の》県側の登山口から入り、遠山川沿《とおやまがわぞ》いに登っていった。聖平《ひじりだいら》小屋のある尾根《おね》についておどろいた。そのあたり一面に、シカの足跡があったのだ。前に来たときはシカの足跡など、一つも見かけなかった。

聖平《ひじりだいら》小屋の近くまで行くと、前にはあったお花畑がなくなっていた。

「これはひどい。お花畑が消えてしまっている」

この時期、きれいな花を咲《さ》かせる高山植物は、一本もなかった。あたりの草地には、トリカブトやコバイケイソウなど、毒草だけが生えていた。そして、シカのフンがあちこちにころがっていた。シカがお花畑の高山植物をぜんぶ食べた跡《あと》なのだった。

先生は大きな息をついた。むなしい気持ちと怒《いか》りの気持ちがわいてきた。

気を取りなおして歩きだした。少し行くと、一〇メートル四方の場所が、鉄の柵《さく》と金《かな》網《あみ》でかこまれていた。柵に説明板がついている。こんな説明文が書かれていた。

——ここは、三年前までニッコウキスゲのお花畑だったところです。しかしニッコウキスゲは、みんなニホンジカによって食べられ、なくなってしまいました。それで地元静《しず》岡《おか》県のボランティアが柵を設《もう》けて、この場所にシカが入れないようにし、植生《しょくせい》の回復《かいふく》を試みているところです。

高山では、植物が成長するのにとても時間がかかる。いったんシカに荒《あ》らされてしま

低山でふえたシカは高山帯に入りこみ、高山植物を食べてしまう。

シカが高山植物を食《た》べ荒《あ》らし、くずれてしまった斜面《しゃめん》。

った植生《しょくせい》は簡単《かんたん》にはもどらない。ここは柵《さく》でかこってから三年たつというのだが、植生が回復《かいふく》しているようすは見えなかった。

「シカの食害《しょくがい》はこわいなあ」

中村先生はつぶやいた。

シカがお花畑を食べ荒《あ》らした跡《あと》は、このあたりだけではなかった。聖岳《ひじりだけ》から光岳《てかりだけ》にかけて、とてもひろい山域《さんいき》に広がっていた。南アルプス南部の被害《ひがい》は大きいようだ。とくにひどかったのは、光岳《てかりだけ》の周辺だった。シカが歩いてできた道が、どこにもたくさんのこっていた。

聖岳《ひじりだけ》と光岳《てかりだけ》の登山地図を見ると、お花畑の記号が多く書いてある。けれどそのお花畑は、どこもシカのために食い荒らされて消えていた。

南アルプス北部はどうだろうか。北岳《きただけ》とその周辺には、まだみごとなお花畑がある。しかしそこにもかなり前から、サルがすみはじめている。サルは高山植物を食べて生活している。そこより下にいるシカが、低山帯と高山帯の間にある高山植物を食べつくし、このあたりまで上がってくるにちがいない。そしてここのお花畑も食べつくしてしまうにちがいない。そうなれば北岳《きただけ》とその周辺も、南アルプス南部とおなじようになってしまうだろう。貴重《きちょう》なお花畑はみんな消えようとしている。

南アルプスだけではない。日本の他の地方でも、シカは農林業などに大きな被害《ひがい》をあたえていた。

北海道《ほっかいどう》ではエゾシカの食害《しょくがい》がひどい。エゾシカはイチイの樹皮《じゅひ》が大すきだ。知床《しれとこ》半島のイチイをほとんど食べつくして、いまではハルニレやトドマツの樹皮も食べている。

一九九八年ごろまで、エゾシカは雪の少ない北海道東部にだけ多くいた。けれどいまでは北海道の全地域《ぜんちいき》に広がった。二〇一〇年度の北海道全域《ぜんいき》でのエゾシカ生息数は六五万頭で、これまでで最も多い数という。各地で、森林、牧草地、畑でのエゾシカの食害はひどくなっている。道内の農林業への被害《ひがい》は、二〇一一年度には六四億円にもなった。その後は減少《げんしょう》しているが、それでも二〇一六年度は三九億円だった。

なぜエゾシカがこんなにふえたのか。明治《めいじ》時代、エゾシカの毛皮や肉のカンづめは大事な輸出品《ゆしゅつひん》だった。つかまえる人が多く、絶滅寸前《ぜつめつすんぜん》になった。それでオスは一九五六年まで、メスは一九九三年まで禁猟《きんりょう》となっていた。その間、メスはほぼ毎年子どもを産む。その繁殖力《はんしょくりょく》でエゾシカの数はふえたのだ。

そして、一九七〇年代に道内の森林は大きく伐採《ばっさい》され、若木《わかぎ》が植えられた。さらに、牧草地や畑がふえたことも、エゾシカが暮《く》らしやすい環境《かんきょう》をつくり、おいしい餌《えさ》を提供《ていきょう》することになった。それでふえたのである。

地球温暖化《おんだんか》の影響《えいきょう》もあるようだ。以前、エゾシカは北海道《ほっかいどう》東部だけにいた。東部の積雪が西部より少なかったからだ。エゾシカの子どもは、積雪が多いと十分に餌がとれないで死んでしまうことが多かった。しかしいまの北海道では、積雪が一メートルをこすことはめずらしくなった。

北海道の野生動物の専門家《せんもんか》はこういっている。「温暖化で積雪が減少《げんしょう》して、餌がとれず冬をこせなかった多くのシカが生きのびることができるようになった。また積雪が減少したことは、生息地の拡大《かくだい》にもつながっている」

道東部では、三〇〇キロメートルのシカよけフェンスをつくる対策《たいさく》、餌をまいて満《まん》腹《ぷく》にさせて食害《しょくがい》を防止《ぼうし》する対策で効果《こうか》を上げている。肉や毛皮、角《つの》を活用する方法も研究されている。しかしエゾシカの食害は減《へ》らない。

福島県《ふくしまけん》・新潟県《にいがたけん》・群馬県《ぐんまけん》の三県にまたがる尾瀬ケ原《おぜがはら》は、二〇〇七年に日光《にっこう》国立公園から分かれて、単独《たんどく》の国立公園になった。その尾瀬《おぜ》でもシカがふえて、湿原《しつげん》全体に被害《ひがい》をあたえている。尾瀬《おぜ》はニッコウキスゲが有名だが、それを食《た》べ荒《あ》らすだけでなく、ミズバショウの新芽を食べ、ミツガシワの根を食べるために地面を掘《ほ》りかえす。そして湿原を傷《きず》つけ荒らしてしまう。

シカは体についた寄生虫《きせいちゅう》をふり落とすために、地面に体をすりつけて泥浴《どろあ》びする。その後の湿原は、ヌタ場《ば》という荒れた泥地《でいち》に変わってしまう。湿原の生態系《せいたいけい》はこわされ、風景も台なしになる。

尾瀬《おぜ》でシカ調査《ちょうさ》をしている研究者は、「このままだと一〇年もしないうちに、尾瀬《おぜ》で

シカが泥浴《どろあ》びをしたため、荒《あ》れてしまった尾瀬《おぜ》の湿原《しつげん》。

ニッコウキスゲは見られなくなってしまう」と心配している。

尾瀬《おぜ》でシカの害があらわれてきたのは、一九九七年ころだ。はじめは約六〇頭だったが、一〇年後には約二七〇頭とふえた。いまはもっとふえている。一九七〇年代の前半の冬、尾瀬《おぜ》には約三メートルの積雪があった。シカは湿原《しつげん》に入ることができなかった。その後、温暖化《おんだんか》のため積雪量は減少《げんしょう》し、約二・五メートルに減《へ》った。それもシカの侵入《しんにゅう》をゆるすことになっている。

シカの侵入の結果、尾瀬《おぜ》の植生《しょくせい》は変わり、昆虫《こんちゅう》の種類や数も変化しているという。シカの侵入は自然のようすを変え、生態系《せいたいけい》まで変えているのだ。

チョウの生息数の再調査《さいちょうさ》を終えた。

二〇〇九年、中村先生は南アルプスをはじめ、やりたいと思っていた日本全体のライチョウの生息数の再調査《さいちょうさ》を終えた。

一九八五年に発表された調査と中村先生の新しい調査では、生息数はどう変わっているか、一二五ページの地図と数字を見てほしい。

羽田教授《きょうじゅ》の前回の調査から二五年後、中村先生たちが再調査したライチョウのなわばり数は六六一という数字になり、推定《すいてい》のライチョウの個体数《こたいすう》は一六五三羽だった。二五年のあいだに、約五六パーセントに減っていた。再調査の結果は、ライチョウの将来《しょうらい》にとてもきびしい数字となった。

陸上にすむ哺乳類《ほにゅうるい》や鳥類の一つの種が、この後も生きていける最小の個体数は一〇〇〇以上だといわれている。中村先生たちが再調査したライチョウの推定数《すいていすう》は約一七〇〇羽だから、七〇〇羽多いだけである。ライチョウにともった赤信号は前よりつよくなり、危機《きき》は大きくなったといえる。

再調査《さいちょうさ》を終えた中村先生は、またライチョウの研究に取り組んでよかった、という思いをかみしめていた。捕獲《ほかく》して標識《ひょうしき》をつける調査はたいへんだったが、以前の観察だけの調査とくらべ、いろいろな成果がでていた。

そして中村先生は、ライチョウという鳥を見なおしていた。約二万年前に大陸から日本にきて、ライチョウはみごとに日本の高山という環境《かんきょう》にあわせた暮《く》らし方を確立《かくりつ》してきた。再調査をやって、そのことをつよく感じていたのだ。

「ライチョウのために、いままで以上に研究と保護《ほご》に力を入れよう」

数字はきびしいものだったが、中村先生は新しい意欲《いよく》を燃《も》やしていた。

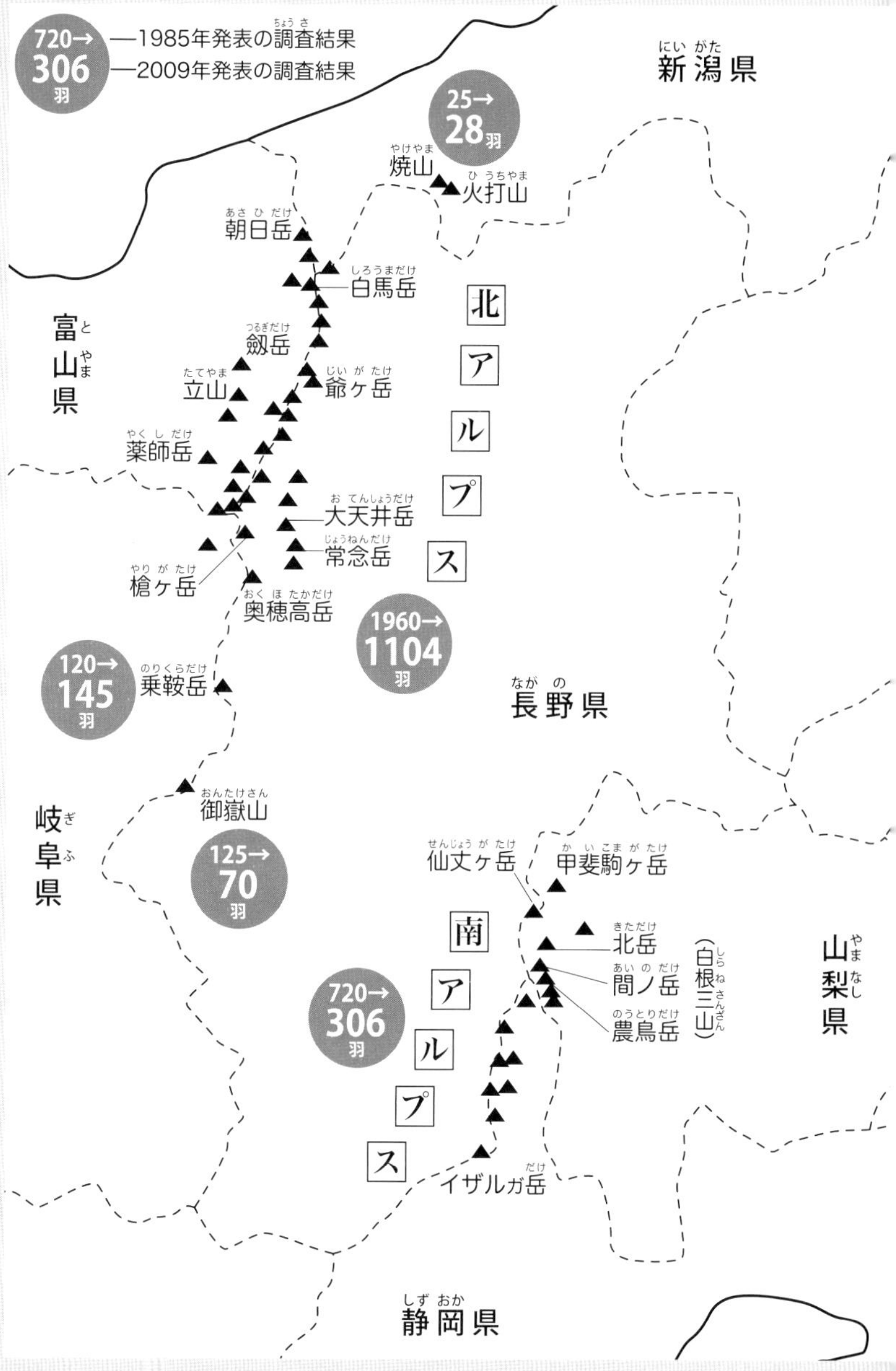

日本のライチョウ生息数（2009 年発表） 中村先生が新たにまとめたもの。1985 年の数字とくらべると、南アルプスのライチョウの数が大きく減少《げんしょう》している。

9章 世界の研究者がやってきた

二〇一二年七月二十日、第一二回国際《こくさい》ライチョウ・シンポジウムが、長野《ながの》県松本《まつもと》市でひらかれた。

ライチョウのなかまは世界に一九種生息していて、ライチョウの研究をしている学者は世界に三〇〇人ほどいる。世界のライチョウ研究者が集まる国際ライチョウ・シンポジウムは、三年に一度開催《かいさい》されていた。

中村《なかむら》先生は、中国の北京《ペキン》でひらかれた第九回、フランスのバーネルドリシュンでひらかれた第一〇回の国際ライチョウ・シンポジウムなどに出席した。そこでは、日本のライチョウについての研究発表をおこなった。

日本人はライチョウを神の鳥と敬《うやま》って接《せっ》してきたこと、ライチョウは人が近づいても、恐《おそ》れず逃《に》げないことなどを話した。その話に、世界の研究者はとてもおどろいた。日本のライチョウは、人が近づいても逃げない。中村先生の発表は、ほんとうの話だろうか。発表を聞いた研究者たちは、日本のライチョウにとても興味《きょうみ》をしめした。時間がたつにつれて研究者たちは、世界の最南端《さいなんたん》にすむ日本のライチョウについて知りたい、日本人とライチョウがどのように接しているかを見たい。そう言ってきたのだ。

中村先生も、日本のライチョウのことをもっと知ってもらいたいと考えた。それで、日本でのライチョウ・シンポジウムの開催を計画したのである。

さいしょ、二〇一一年に松本市で開催という予定で準備《じゅんび》を進めていた。しかし三月十一日に東日本大震災《ひがしにほんだいしんさい》がおきたため、一年延期《えんき》したのだ。

シンポジウムでは、七月二一日から四日間、会議《かいぎ》がおこなわれた。そこには、アメリカ、ドイツ、オランダ、イタリア、ノルウェー、アイスランドなど、世界各地からライチョウ研究者が九〇人集まった。

一日目には「日本セッション」が設《もう》けられ、一日かけて日本でのライチョウ研究の成果が発表された。一番バッターは中村先生で、日本人とライチョウ、ライチョウ研究の歴史、ライチョウの現状《げんじょう》と課題について発表した。その後日本人の研究者が、「ライチョウの遺伝子分析《いでんしぶんせき》」、「温暖化《おんだんか》の影響予測《えいきょうよそく》」といった発表をおこなった。

日本のライチョウの習性《しゅうせい》や生活、歴史、日本人とライチョウのかかわりについて、ほとんど知らなかった世界の研究者は、とても熱心に発表を聞いた。

シンポジウムが終了《しゅうりょう》した二五日から、二泊三日《にはくみっか》で乗鞍岳《のりくらだけ》と北アルプスに登って野外観察会がおこなわれた。多くの外国人が参加した。

参加者は、さいしょに日本の高山にのこっているお花畑を見て、その美しさ、すばらしさに心をとらえられた。乗鞍岳《のりくらだけ》、北アルプスにいるライチョウの観察も人気を呼《よ》んだ。多くの研究者は、日本のライチョウが人を恐《おそ》れないということを、半分うたがっていた。しかし乗鞍岳《のりくらだけ》や北アルプスに登り、ライチョウが逃《に》げないことを、自分の目と体でしっ

世界の研究者を前に、中村先生は日本のライチョウの危機《きき》を訴《うった》えた。

かり確《たし》かめた。登山道のわきで、平気で砂《すな》浴《あ》びをしているライチョウにおどろき、人のすぐ近くをひなといっしょに歩いていくライチョウに感動したのだった。

「日本人研究者から、ライチョウは逃げないと聞いて半分信じていなかったんだ。けれど、それがほんとうのことだと実感したよ。すばらしかった」

野外観察会に参加した研究者は、少し興《こう》奮《ふん》しながら話した。

北アルプスでは、燕岳《つばくろだけ》から大天井岳《おてんしょうだけ》へ歩くツアーがおこなわれた。それには、アメリカ、ドイツ、オランダ、イタリア、フランス、ノルウェー、アイスランドの七か国から一四人の研究者が参加した。

参加者たちは、燕山荘《えんざんそう》や大天荘《だいてんそう》のすぐ近くでライチョウの親子づれを見ることができた。人がいても逃《に》げないライチョウの親子を、目をかがやかせながら観察し、写真を撮《と》った。日本のライチョウは山小屋のすぐ近くでも繁殖《はんしょく》すること、人間を決してこわがらないこと、すぐ近くで観察できることなどに対し、とてもおどろき、感動した。

チョウゲンボウがあらわれて、上空を旋回《せんかい》することがあった。そのとき、親は「クー クー」という警戒音《けいかいおん》を発してひなを守っていた。そのようすも、興味《きょうみ》深く見ていた。

ドイツの大学で野生動物生態学《せいたいがく》を研究しているイルゼ・シュトルヒ教授《きょうじゅ》も北アルプスのコースに参加した。そして、信濃毎日《しなのまいにち》新聞の記者につぎのように語った。

「現在《げんざい》、世界の哺乳類《ほにゅうるい》、鳥類など昆虫《こんちゅう》をのぞく全生物種の二〇~二五パーセントが絶滅《ぜつめつ》の危機《きき》にひんしています。人間が野生生物の生息環境《かんきょう》をおびやかしていることが大きな要因《よういん》ですが、今後、さらに深刻《しんこく》な影響《えいきょう》をあたえるのが地球温暖化《おんだんか》による気候変動です。

ライチョウを例に考えてみましょう。世界では大きく分けると、一九種が生息してい

海外の研究者は、日本のライチョウが人を恐《おそ》れないことにおどろいた。

ますが、そのうち六種が絶滅の危機にあります。国の特別天然記念物に指定されている日本のライチョウは六種にふくまれていませんが、地球温暖化が将来的《しょうらいてき》にその生存《せいぞん》をおびやかしかねません。

日本のライチョウは、北アルプスや南アルプスなど一部の高山帯で生きのびてきました。ですが、山頂《さんちょう》近くの標高の高い場所だけに、気温上昇《じょうしょう》にともないその生息環境がせばまれば逃げ場がありません。

生息域《せいそくいき》が限《かぎ》られる日本のライチョウは、ひとたび危機がせまると加速度的《かそくどてき》に生息環境が悪化するので、絶滅の危険度《きけんど》はきわめて高いのです。世界の最南端《さいなんたん》に生息する日本のライチョウは、島国独自《どくじ》の文化的な背景《はいけい》に守られてきたという意味で世界の研究者にとって特別な存在《そんざい》です。
欧州《おうしゅう》では何千年にもわたって狩猟《しゅりょう》の対象だったので、人の気配を感じると、すぐに逃《に》げてしまう。日本では高山が信仰《しんこう》の対象となっており、森林限界《げんかい》の上にすむ動物は神聖《しんせい》と考える宗教観《しゅうきょうかん》があった。そうでなければ、日本のライチョウは絶滅《ぜつめつ》していたでしょう。人々の心に入りこんだ存在として、単に自然遺産《いさん》でなく〈文化遺産〉として保護《ほご》を訴《うった》えていくべきです」（信濃毎日《しなのまいにち》新聞二〇一二年七月二九日朝刊《ちょうかん》より）
国際《こくさい》ライチョウ・シンポジウムは、世界のライチョウ研究者にあざやかな印象と深い感動をのこし、大成功のうちに終わった。

10章 ライチョウは「絶滅《ぜつめつ》危惧《きぐ》IB《いちビー》類」

みんなの手でライチョウを守る

地球温暖化《おんだんか》によって、日本の平均《へいきん》気温は年々上昇《じょうしょう》している。二〇一八年七月、八月の日本各地の異常《いじょう》な高気温を体感して、日本人のだれもがこわいと思ったのではないか。

高山にすむライチョウにともった赤信号の色は、ますます濃《こ》くなっている。

「ライチョウの数の減少《げんしょう》をくいとめ、絶滅《ぜつめつ》から救いたい」。その願いを実現《じつげん》するために中村《なかむら》先生は、これまでライチョウについて熱心に研究をつづけ、保護《ほご》について考えてきた。そして国や県をはじめ、ライチョウにかかわっている市町村や自然保護の団体《だんたい》に対し、いろいろな機会にライチョウ保護《ほご》について相談をし、対策《たいさく》を提案《ていあん》してきた。

ライチョウの保護は、一人ではできないし、一つの団体《だんたい》でもできない。環境省《かんきょうしょう》、長野《ながの》県、富山《とやま》県、山梨《やまなし》県、静岡《しずおか》県、各地の研究団体、各地の博物館、動物園……。ライチョウにかかわりのある団体と人間がしっかりつながり、保護に力を入れないと将来《しょうらい》に大きな悔《く》いをのこすことになる。そう訴《うった》えつづけてきた。いますぐ、効果《こうか》のある策を講《こう》じてほしい。中村先生は、機会あるごとに声をあげてきたのだ。そして国が動きだした。

二〇一二年八月、環境省はレッドリストを改正し、第四次リストを公表した。「レッドリスト」というのは、日本で絶滅《ぜつめつ》のおそれのある野生生物の種のリストのことだ。

ライチョウは、それまで「絶滅危惧《ぜつめつきぐ》Ⅱ類」に入れられていたが、絶滅のおそれが大きくなったということでランクが上になった。「絶滅危惧ⅠB《いちビー》類」になったのである。ライチョウは、「近い将来に絶滅の可能性《かのうせい》が高い鳥類」のなかまになった。

環境省のレッドリスト（鳥類）を見てみよう。つぎのページの表のようになっている。

この改正がおこなわれたすぐ後、国は文部科学省《もんぶかがくしょう》、農林水産省《のうりんすいさんしょう》、環境省の三省の意見

レッドリスト［鳥類］

環境省（2018年）

絶滅《ぜつめつ》

すでにほろびてしまって、日本では見られない鳥類。カンムリツクシガモ、ミヤコショウビン、キタタキなど14種。

カンムリツクシガモ（小林重三画）▶

野生絶滅

飼育《しいく》など野生ではない状態《じょうたい》で生息している種。2003年に日本さいごのトキが死に、いまはトキ保《ほ》護《ご》センターなどで飼育されているトキと、自然に放《ほう》鳥《ちょう》されたトキがいる。

トキ▶

絶滅危《き》惧《ぐ》IA《いちエー》類

ひじょうに近い将来《しょうらい》、絶滅の危険性《きけんせい》が高い種。コウノトリ、カンムリワシ、ヤンバルクイナ、エトピリカ、シマフクロウなど13種。

コウノトリ▶

絶滅危惧IB《いちビー》類

IA類ほどではないが、近い将来、絶滅の可能性《かのうせい》が高い種。ライチョウ、クマタカ、ブッポウソウ、ヤイロチョウなど31種。

ライチョウ▶

絶滅危惧II《に》類

絶滅の危険《きけん》が増大《ぞうだい》している種。アホウドリ、オオワシ、ハヤブサ、タンチョウ、クマゲラ、コアジサシなど43種。

オオワシ▶

準《じゅん》絶滅危惧

いまは絶滅の危険度は小さいが、今後「絶滅危惧」に移行《いこう》する可能性のある種。マガン、ミサゴ、オオタカ、オオジシギなど21種。

オオジシギ▶

が一つになり、ライチョウ保護増殖検討会《ほごぞうしょくけんとうかい》をつくった。そこで、ライチョウをどう守り、どうふやしていくかの「ライチョウ保護増殖事業計画」がつくられた。

この計画では、「ライチョウは日本の山岳《さんがく》の生態系《せいたいけい》のシンボルになる生物である」としっかり認《みと》めている。そして、日本の生物多様性《たようせい》*を守っていくためには、ライチョウは重要な種の一つだとしているのだ。

ライチョウを守るために何をするのか。ライチョウが生息するのに必要な自然環境《かんきょう》を守っていくこと、飼育技術《しいくぎじゅつ》をしっかりしたものにして、将来《しょうらい》、飼育したライチョウを高山に放すことができるようにすること、などを目標としてかかげた。

それまで国は、ライチョウの数を減《へ》らさないために、ライチョウの捕獲《ほかく》や、ライチョウにふれることを禁止《きんし》していた。しかし、一九八〇年代から二〇〇〇年初めまでの約二〇年間に、ライチョウの生息数は大きく減った。その間に、シカやキツネ、テンなどの野生動物が高山へ侵入《しんにゅう》して、高山帯の自然環境は大きく変化した。

国は、ライチョウをつかまえること、ライチョウに手をふれることを、保護のためな

＊生物多様性《たようせい》……特定の地域《ちいき》にいろいろな種類の生き物が、いっしょにゆたかに生きていること。

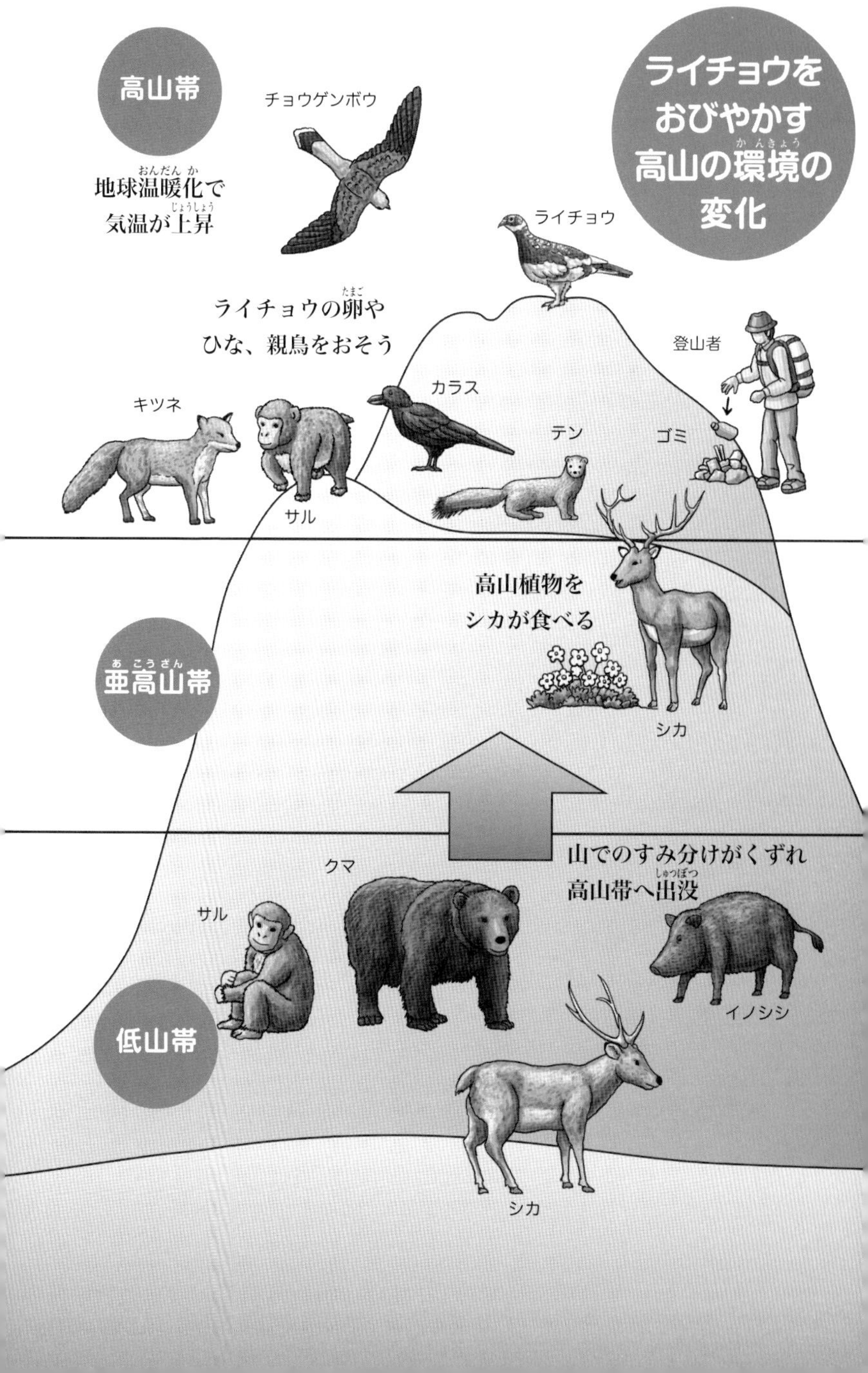

ライチョウをおびやかす高山の環境《かんきょう》の変化
高山帯
地球温暖化《おんだんか》で気温が上昇《じょうしょう》
チョウゲンボウ
ライチョウ
ライチョウの卵《たまご》やひな、親鳥をおそう
登山者
キツネ
カラス
テン
ゴミ
サル
亜高山帯《あこうさんたい》
高山植物をシカが食べる
シカ
低山帯
山でのすみ分けがくずれ高山帯へ出没《しゅつぼつ》
クマ
サル
イノシシ
シカ

らよしとした。手を加えず人間がただ見守っているだけでは、ライチョウも、高山帯の自然も守れないとわかったのだ。

そうした状況《じょうきょう》が多くの人に理解《りかい》された。そして中村先生たち研究者の研究調査《ちょうさ》のデータや提言《ていげん》があって、ライチョウ保護増殖《ほごぞうしょく》事業計画はつくられた。二〇一二年、国は、危機《きき》にあるライチョウの保護に本格的《ほんかくてき》にのりだしたのだ。

では、具体的にはどんなことをやるのだろう。ライチョウの保護増殖事業計画の柱は「生息域内保全《せいそくいきないほぜん》」と「生息域外保全《いきがい》」の二つである。

「生息域内保全」とは、ライチョウがすんでいる高山の生息地でおこなう保護活動のことだ。たとえば、中村先生がやろうとしている「ケージ保護」だ。ライチョウの生息地で、ふ化したばかりのひなを人間が手助けして守ってやる方法だ。それがうまくいけば、いまより生息数をうんとふやすことができる。

そのほかには、市民が積極的に参加して活動する「サポーターズ制度《せいど》」がある。いま、富山《とやま》県、長野《ながの》県をはじめ、日本アルプスの山麓《さんろく》にある県、市町村がその活動をおこなっ

双眼鏡《そうがんきょう》でサルの群《む》れの動きを追うライチョウサポーターズ。

ている。ライチョウ保護に関心がある市民が参加して、ライチョウ保護の考えを多くの人に広める活動をしたり、ライチョウを目撃《もくげき》した情報《じょうほう》を知らせたり、ライチョウの生息地で保護のパトロールをやっている。

長野県の「ライチョウサポーターズ」は、高山でサルの動きを追跡《ついせき》し、ライチョウのひなと親鳥を守る活動をしている。また、日本でもっとも標高の低いところでライチョウが繁殖《はんしょく》する新潟《にいがた》県の火打山《ひうちやま》は、温暖化《おんだんか》の影響《えいきょう》をつよく受けていて、ライチョウの暮《く》らす場所にイネ科の植物がいきおいを得て成長している。それらを抜《ぬ》き取《と》る作業に

火打山《ひうちやま》では植生《しょくせい》が変化し、背《せ》の低いハイマツがなくなった。ライチョウは、ハイマツ以外の植物を選び、巣をつくっている。

ライチョウサポーターも加わって、働いている。

中村先生の「生息域内保全《せいそくいきないほぜん》」の仕事は、つぎの章で話すことにする。その前に、動物園や博物館がはじめたライチョウの人工飼育《しいく》がどんなものか見てみよう。

動物園は人工飼育に取り組む

もう一つの保護《ほご》の柱は、「生息域外保《いきがい》全」だ。これは、平地でおこなうライチョウ保護の仕事だ。山から離《はな》れた平地の動物園、博物館、研究施設《しせつ》などで、ライチョウの卵《たまご》をふ化させ、かえったひなを育てる仕事である。それらの施設は、人工繁殖《はんしょく》にも取り組む。日本動物園水族館協会に加わっている動物園などがおこなう。

ライチョウの人工飼育は、まず北極に近いスバールバル諸島《しょとう》にすむスバールバルライチョウの飼育の勉強からはじまった。ノルウェーでは、スバールバルライチョウの飼育技術《ぎじゅつ》がしっかりできあがっている。それをしっかり学んでから、日本のライチョウ飼育に挑戦《ちょうせん》するのだ。

東京・上野《うえの》動物園と富山《とやま》市ファミリーパークでは、スバールバルライチョウの飼育技術を勉強し、大学から卵をゆずってもらってひなをふ化させ、飼育にも取り組んだ。

そして二〇一五年、二つの動物園はいよいよ日本のライチョウの飼育をはじめた。高山のライチョウの巣から卵を採取《さいしゅ》し、人工ふ化させて飼育をおこなうのだ。

中村先生が提案《ていあん》して、乗鞍岳《のりくらだけ》のライチョウの巣から卵を採取することになった。その卵をふ化させて、人工飼育する。巣からうまく卵を取りだしたら、すぐに上野動物園に五卵《らん》、富山市ファミリーパークに五卵、計一〇卵をはこぶことが決まった。

二〇一五年六月一日から、産卵中《さんらんちゅう》の巣さがしがはじまった。一〇個《こ》の卵《たまご》を早く採取《さいしゅ》するためには、産卵中のたくさんの巣を見つける必要があった。それで、産卵中の巣をさがす作業を、環境省《かんきょうしょう》や動物園の人など、ライチョウ保護増殖《ほごぞうしょく》事業にかかわっている人たちにも、手伝ってもらうことにした。

産卵中の巣を見つける方法は、一つしかない。ライチョウの産卵時期にメスを見つけ、そのメスの行動を一日中ずっと追いかける。そしてメスが巣に入ったら、巣の場所をしっかりと確《たし》かめておくのだ。

「見つけたメスが産卵中のメスだったら、二日間、追跡《ついせき》したら、かならず一度は産卵のために巣に入ります。その場所をしっかり見つけ、私《わたし》たちに教えてください」

メンバーたちは中村先生から、産卵中のメスと巣を見つける方法を聞いた。

六月一日の朝六時、いよいよ巣さがしがはじまった。さいしょから、メスを見つけられない班《はん》があったし、見つけたメスの行方《ゆくえ》がわからなくなり、長時間、そのメスをあちこちさがしていた班もあった。一日目、どの班も巣の発見はできなかった。

巣さがし中のメンバー。巣に入ったメスがでてくるのをじっと待つ。

二日目の六月二日。巣さがしをはじめて四時間たった。一つの班から知らせがきた。

「メスが背《せ》の低いハイマツの中に入りました。ずっとでてきません。すぐに来てください」

小林《こばやし》研究員がかけつけた。

「一〇時五分くらいに、メスはハイマツの中に入りました。初めの二〇分くらいはごそごそと動きまわっていたのですが、その後はまったく動きません」

じっと待っていると、一一時四五分ころ、ハイマツの枝《えだ》がゆれはじめた。一二時を少しまわったころ、メスがいきなりハイ

巣さがしチームが見つけた巣と卵《たまご》。11巣《そう》を見つけることができた。

マツから飛びだしてきた。オスはメスの後を追って飛んでいった。中村先生と小林研究員は、メスが飛びだしたハイマツの中をさがした。

「ありました、巣が見つかりましたよ」

中村先生が手を上げた。さいしょの巣が見つかった。卵《たまご》にはハイマツの枯葉《かれは》がかけられ、かくされていた。上の葉を取りのぞくと、四個《こ》の卵が産んであった。歓声《かんせい》があがった。メスを追いかけていれば、巣と卵を見つけることができるのだ。

つぎの日、六月三日も二つの巣を見つけることができた。三日間の観察で、上野《うえの》動

2015年、富山《とやま》市ファミリーパークで卵からかえったばかりのひな。

物園にはこぶ五卵《らん》を見つけることができた。二日後の六月五日に巣から卵を取り出して、上野動物園の輸送車《ゆそうしゃ》までとどけた。その後、六月九日までに一一巣《そう》を発見した。それらの巣で抱卵《ほうらん》が開始され、ふ化する直前に五卵を採集《さいしゅう》し、富山《とやま》市ファミリーパークにとどけることができた。

上野動物園では五羽のひながふ化して育っていたが、九月初めまでに五羽ぜんぶが死んだ。富山市ファミリーパークでは、六月終わりに三羽のひながふ化し、七月初めにもう一羽もふ化した。三羽のオスのひなが生きのこり、元気に生活していた。

二年目には、長野《ながの》県の大町山岳《おおまちさんがく》博物館もライチョウの人工飼育《しいく》に参加した。

一年目のひなで元気なのは富山《とやま》市ファミリーパークの三羽で、オスばかりだった。動物園ではメスをぜひほしい。それで二〇一六年も乗鞍岳《のりくらだけ》で採卵《さいらん》し、三つの施設《しせつ》でふ化と飼育に挑戦《ちょうせん》することになった。この年は、乗鞍岳《のりくらだけ》で一二個《こ》の卵《たまご》を採取《さいしゅ》し、四個ずつを三つの施設にはこんだ。

上野《うえの》動物園では四羽のひながふ化し、オス三羽、メス一羽となった。富山市ファミリーパークでも、オス三羽、メス一羽がふ化し、ライチョウの数はぜんぶで七羽となった。大町山岳博物館では、オス二羽、メス一羽のひなが生きのこった。

三つの動物園につづいて、いまは栃木《とちぎ》県の那須《なす》どうぶつ王国もライチョウの人工飼育の取り組みに参加している。四つの動物園が、情報交換《じょうほうこうかん》をするだけでなく、それぞれの施設で産卵《さんらん》した卵を送ったり、ライチョウを移《うつ》したりして、活発に活動している。

ここに登場した富山市ファミリーパークは、「ライチョウ基金《ききん》」の呼《よ》びかけで話題になった。この動物園は、富山市の西方にある平地の動物園で、ライチョウの飼育繁殖技《はんしょくぎ》術《じゅつ》を高めるため研究をつづけ、いまはライチョウの飼育に取り組んでいる。将来《しょうらい》は飼育したライチョウを高山へ放す、という目標に向かって努力をつづけている。

しかし飼育・繁殖技術を積み上げ、すぐれた人材を育てるためには、お金が必要になってくる。それで富山市ファミリーパークでは、ライチョウの飼育の仕事をさらに進め、高めるために「ライチョウ基金」の募集《ぼしゅう》をおこなうことにしたのだ。二〇一七年十二月に基金の募集を発表した。目標額《もくひょうがく》は一〇〇〇万円だった。

「みんな協力してくれるのだろうか」。富山市ファミリーパークの人たちは、どきどきしながら基金が集まるようすを見守っていた。

ところが市民の人たちは、ライチョウのいまの状況《じょうきょう》をよく知っていた。多くの人が、ライチョウを守りたい、ライチョウがふえてほしいという気もちで、呼びかけに応《おう》じてくれた。県外からも基金は集まり、二〇一八年二月十六日には一〇〇〇万円に達した。目標を達することができた。募集はおわっても、その後も協力するという人も多くあらわれた。そして二〇一八年六月現在《げんざい》では、なんと二六〇〇万円という金額《きんがく》になったのだ。

いま、多くの人がライチョウ保護《ほご》に関心をもっている。そのことが、富山《とやま》市ファミリーパークの「ライチョウ基金《ききん》」への人びとの協力を見ても、よくわかる。

動物園でライチョウを飼育《しいく》するのはむずかしい。ひなを育て、たくましい成鳥になるまで飼育して、高山の自然に放鳥《ほうちょう》するまでには克服《こくふく》しなければいけない課題がたくさんある。日本の動物園がそのむずかしい課題をどうこえていくのか、見守っていきたい。

11章 ケージ保護《ほご》で親子を守る

ひなの生存率《せいぞんりつ》を高めるために

ライチョウのひなは、ふ化してから一か月間の死亡率《しぼうりつ》がとても高い。ひながふ化する七月は梅雨《つゆ》の時期にあたっている。ふ化したばかりのひなは、自分では体温調節ができない。悪天候で雨が多く低い気温の日がつづくと、餌《えさ》をとれなくなり、弱って死んでしまうのだ。それとひなは、天敵《てんてき》にねらわれて食べられてしまう。ひなにいちばん危険《きけん》な一か月間を守ってやれば、死亡率を低くすることができる。

「どうすれば、ふ化したばかりのひなの生存率を高めることができるのか」

中村《なかむら》先生は、ずっと前から一つの方法を考えていた。それは、ケージを使う方法だ。ひながふ化してから育っていく高山帯に、ケージを設《もう》ける。そこに、ふ化したばかりのひなと親鳥を収容《しゅうよう》する。一か月くらいの間、ケージでひなを悪天候と敵《てき》から守るのだ。

「この方法なら、多くのひなを守ってやることができる」

二〇一〇年になって中村先生は、ケージでひなを守る方法を具体的にまとめ、環境省《かんきょうしょう》に提案《ていあん》した。そこで検討会《けんとうかい》がおこなわれ、実施《じっし》が決まった。中村先生はその方法を「ケージ保護《ほご》」と名づけた。

ケージ保護の試験は、乗鞍岳《のりくらだけ》にある東京大学宇宙線《うちゅうせん》研究所の敷地《しきち》でおこなうことになった。そこに、広さ約三〜一二平方メートル、高さ約一〜一・五メートルの、三つのケージをつくった。

まず、研究所の近くにあるライチョウのなわばりの中から、候補《こうほ》の巣を見つけておく。つぎに、それらの巣でひながふ化したら、時間をかけて親子を誘導《ゆうどう》していき、ケージに収容する。その後は、ひなが生きのびるのがきびしい約一か月間を、人がつきそって見

生まれたばかりのひなは、母鳥がつばさの中に入れ、だいて温める。

守ってやるのだった。

　天候のよい昼間は、親子をケージの外にだして、自由に生活させる。天候が悪くなったらケージに収容し、シートなどをかけて雨風から守ってやる。夜は、かならずケージに収容して、テンやオコジョ、キツネなどの天敵《てんてき》におそわれないようにするのだ。

　悪天候でひなを外にだせないときのために、ケージの中には親子が食べる餌《えさ》、高山植物を用意することにした。そうやって約一か月がすぎたら、親子は山の自然に放鳥《ほうちょう》することにしていた。ケージ保護は、ライチョウの親子が暮《く》らしている自然の中で生活させることが基本《きほん》となる。そのため人間は、遠くから見守っていて、悪天候と天敵《てんてき》から守ってやるのが目的なのだった。

ケージ保護《ほご》の試験は、二〇一三年の七月中旬《ちゅうじゅん》からはじめた。

七月二〇日に、さいしょの家族、親鳥と四羽のひなをケージに入れた。そして二二日に、親鳥と六羽のひな、二五日に親鳥と五羽のひなを、それぞれ別のケージに入れることができた。三家族、計一八羽をケージに収容《しゅうよう》することができた。三家族は、すぐに人とケージに慣《な》れた。

天気のいい日には、午前と午後、家族をケージの外にだして遊ばせた。

ひなたちは、昆虫《こんちゅう》を多く食べる。中村先生は、ケージ内のプランターに花の咲《さ》く高山植物を植え、その花に集まる昆虫を食べさせようと考えていた。ところが、プランターの花に集まる昆虫はわずかしかいない。散歩はかぎられた時間しかやらないし、天候の悪い日もある。ひなは昆虫を少ししか食べられないので、成長に必要なたんぱく質《しつ》が不

ケージに入れて守るために、ライチョウの家族を誘導《ゆうどう》していく。

足することがわかった。

「たんぱく質が必要なら、ミルワームをあたえようか。食べるかもしれない」

中村先生は、すぐにミルワームを手に入れ、ひなにあたえてみた。ミルワームは、小鳥などが食べる生餌《いきえ》だ。するとひなたちは、大喜びでミルワームを食べた。たんぱく質不足の問題は、これで解消《かいしょう》できた。

さらによいことがあった。散歩が終わるとひなたちは、ミルワームが食べたくて、自分からさっさとケージにもどるようになった。それでケージへもどすのがはかどった。

ひなは順調に育った。八月一二日に二家族を放鳥《ほうちょう》し、一五日にのこりの一家族も放鳥した。三家族はそれぞれ、二〇間、二一日間、二二日間、ケージで守られた後に山の中に放した。一五羽のひなのうち、一一羽が親鳥から独立《どくりつ》する九月の終わりまで無事に育った。ケージで保護《ほご》したひなの生存率《せいぞんりつ》は、六九パーセントだった。

乗鞍岳《のりくらだけ》では、二〇一三年にケージ保護しなかった家族のひなは、ふ化後一週間で三分の一になった。九月終わりに生きて独立できたひなは、四パーセントだった。ケージ保護のひなの生存率、六九パーセントはとても高い。ケージ保護の試験は成功だった。

「七割《わり》近いひなが生きていて、今回の試みは成功でした。ケージ保護の技術《ぎじゅつ》が、実用化できることがわかりました。他の山域《さんいき》でも活用できないかを、環境省《かんきょうしょう》などに提案《ていあん》していきたいと思います」

中村先生は、調査《ちょうさ》の結果を見てこういった。試験が成功したので、二年後に南アルプス北岳《きただけ》でケージ保護をおこなうことが決まった。

暗闇《くらやみ》に光る天敵《てんてき》の目

北岳《きただけ》は標高三一九二メートルあって、日本では富士山《ふじさん》のつぎに高い山だ。その山頂《さんちょう》から下ってきたところに、登山者がよく利用《りよう》する山小屋・北岳山荘《きただけさんそう》がある。

二〇一五年六月、中村先生は、その北岳山荘《きただけさんそう》に近いところに固定式の大型ケージをすえつけ、「ケージ保護」をおこなうことにしていた。

六月二十四日、中村先生と四人のメンバーが北岳《きただけ》に登ってきた。そして二つの固定式ケージをそなえつけた。つぎは、見つけてあるなわばりでひながふ化するのを待つ。ひながふ化したら、すぐに家族をケージまで誘導《ゆうどう》して入れるのだ。

六月二十八日、午後一時すぎのことだ。

「ひながいたぞ、かえったばかりのひなだ」

中村先生はメンバーに知らせた。中白根岳《なかしらねだけ》の山頂のなわばりで、ふ化したひな六羽と親鳥がいたのだ。中村先生たちは、すぐにこの家族（A家族）につきそって、誘導をはじめた。

つきそいをはじめた場所から北岳山荘《きただけさんそう》までは、約八〇〇メートルもある。かなり距離《きょり》があり、夕方までにケージに入れるのはむずかしいと思われた。

「山頂《さんちょう》の下に平らな場所がある。そこに小型ケージをすえて収容《しゅうよう》しよう」

夕方、親鳥とひなを小型ケージに入れた。

その日の夜中、テンがケージにあらわれた。ケージのそばにつけた赤外線カメラが、テンのようすをしっかりとらえていた。テンは一〇分以上、ケージの外から中をうかがっていた。しかし手をだせないのであきらめたのか、いなくなった。

つぎの日、時間をかけてこの家族を北岳山荘《きただけさんそう》の固定式ケージに導《みちび》き、中に入れることができた。

六日後に二番目の家族が見つかった。お昼ころ、ひな六羽がいるその家族（B家族）を固定式ケージへ誘導《ゆうどう》しているとちゅう、ひなが一羽行方不明《ゆくえふめい》になった。

メンバーは懸命《けんめい》にひなをさがしたが、見つけることはできなかった。そのため、家族は移動式《いどうしき》小型ケージをすえつけ、そこに収容した。

つぎの朝になって、家族をケージからだしたときだ。ケージをでてすぐのところで、ひなの一羽が、ハイマツからとびだしたオコジョにおそわれた。

オコジョが待ちぶせしていることを、メンバーのだれも気づいていなかった。目の前で、ひなをオコジョにつかまえられてしまった。

オコジョは、夜、ケージに来たがおそえなかった。それで、朝になってひながケージからでてくる瞬間《しゅんかん》を待っていたのだ。

その後、メンバーたちは、気をつけながらひなと親鳥を誘導し、夕方には北岳山荘《きただけさんそう》の固定式ケージに入れた。

北岳山荘《きただけさんそう》のケージは、尾根《おね》の強い風がまともに吹《ふ》きつけてくるところにある。北岳山《きただけさん》荘《そう》の二階で寝《ね》ていた中村先生は、夜中に強風と雨の音に目がさめたことが何度もあった。

「もしかして、ケージが吹《ふ》き飛《と》ばされていないだろうか」

夜中におきて雨ガッパをかぶり、ケージを見に行ったことが何度もあった。朝になってから飛ばないように補強《ほきょう》をした。ケージの上に、いくつも大きな石をのせた。その後、太い針金《はりがね》を使ってワイヤーをつくり、ケージの上にかけ、下で鉄棒《てつぼう》に止めて固定した。

B家族の親鳥が、散歩した後ケージへもどるのをいやがるようになった。

「しかたがない、この家族は放鳥《ほうちょう》することにしよう」

ケージ保護《ほご》はたった八日間だったが、放鳥することにした。

A家族は、二一日間、「ケージ保護」をすることができた。もといた中白根岳《なかしらねだけ》に、親鳥と成長したひな六羽を放鳥した。A家族は、八月の終わりまでは四羽のひながいたが、九月になってからすがたは見えなくなった。B家族は、その後一度もすがたを確認《かくにん》できなかった。

はじめて南アルプス北岳《きただけ》で取り組んだケージ保護は、二家族をケージに収容《しゅうよう》した。しかしひなが、親鳥から独立《どくりつ》する秋まで生きたかどうかは、確認することができなかった。

中村先生は、つぎの年二〇一六年の七月も北岳山荘《きただけさんそう》の近くで、ケージ保護に取り組んだ。三家族、親鳥三羽とひな二〇羽を、それぞれ三つのケージに入れた。保護の間にひ

すえつけた固定式ケージ。右の山が北岳《きただけ》、左に見えるのが北岳山荘《きただけさんそう》。

な五羽が死に、放鳥したときのひなの数は一五羽だった。

この年、夜中にテンがケージをおそうというできごとがあった。七月十八日の夜のことだ。一一時五五分にテンがケージの外にあらわれ、一度いなくなったが、一時間ほどしてまたあらわれた。中にいた家族の親鳥が、ひなを守るためにケージの中から立ちむかった。親鳥はネットのすきまから外に出た。そのとき、親鳥は左足の三本の指のうち一本をかまれてなくした。金網《かなあみ》の間から足をだした瞬間《しゅんかん》、テンにかまれたのだ。

テンがケージをおそい、母鳥がけがをした。（提供《ていきょう》：長野《ながの》朝日《あさひ》放送）

三家族のひなは、七月下旬《げじゅん》に放鳥《ほうちょう》したときには、ひなは一五羽いたが、ふ化後三か月して親鳥から独立《どくりつ》する時期まで生きたのは、たった三羽だった。

いっぽう、ケージ保護《ほご》をしなかったひなはどうか。北岳《きただけ》から中白根岳《なかしらねだけ》でふ化した四家族のひなは、ふ化して約二週間後の七月二十日までにすべて死んでしまっていた。

南アルプス北岳《きただけ》周辺では、多くのひながふ化しても、独立する時期まで生きのびるひなはほとんどいない。原因《げんいん》は、ひなをおそって食べる野生動物がとても多いのだった。

ケージ保護でわかったこと

中村先生は、二〇一五年と一六年、南アルプス北岳《きただけ》でケージ保護をおこなった。二年間の作業ではっきりわかったことは、北岳《きただけ》周辺はライチョウ親子にとって、とても危険《きけん》な山域《さんいき》であることだ。テンやオコジョが、舌《した》なめずりをして待っている。キツネのフンに、ライチョウの羽が入っていたのも見つかった。

中村先生は、二年間の北岳《きただけ》でのケージ保護の結果をまとめ、環境省《かんきょうしょう》に対して捕食者《ほしょくしゃ》への対策《たいさく》をおこなうことを許可《きょか》してほしいと要望した。

その結果、三年目の二〇一七年には、テンやキツネなど、高山にはいなかった捕食者を試験的につかまえることになった。北岳《きただけ》周辺は国立公園の特別地域《ちいき》だ。そんなところで、環境省はライチョウの繁殖期《はんしょくき》の前にキツネとテンの試験的な捕獲《ほかく》をやることを許可《きょか》したのだ。中村先生は、荷揚《にあ》げするとき、キツネとテンをつかまえるワナを荷物に加えた。

六月の初め、北岳山荘《きただけさんそう》にワナを設置《せっち》すると、すぐに二頭のテンがつかまった。北岳肩《きただけかた》の小屋《こや》では五頭のテンがつかまった。ライチョウのなわばりがある近くには、たくさんのテンがすんでいたのだ。つかまえたテンは平地に下ろし、動物園で飼育《しいく》されている。

その後、北岳《きただけ》で三年目のケージ保護《ほご》がおこなわれた。三家族をケージに入れて保護をした。約一か月後に、三家族のひな一六羽を放鳥《ほうちょう》することができた。

放鳥した後のひなはどうなったか。ふ化して三か月後の九月終わりに、ひな一六羽のうち、なんと一五羽が無事に育っていたことがわかった。

この年、ケージ保護をした家族としなかった家族の生存率《せいぞんりつ》をくらべてみる。ケージ保護した三家族は、九月終わりまでひな一羽以外は無事だったので、生存率九四・七パーセントになる。ケージ保護をしなかった一三家族のうち、九月終わりまで無事だったのは四家族で、生存率は三〇・八パーセントだった。

北岳《きただけ》では、六月にワナをしかけてテンをつかまえた。ケージ保護の間も、ずっとワナをしかけておいた。それで、テンやキツネたちが警戒《けいかい》して近づいてこなかったと思われる。

一日の調査《ちょうさ》を終え、日本アルプスの山々をのぞむ斜面《しゃめん》に立つ中村先生。

北岳《きただけ》周辺の捕食者《ほしょくしゃ》について、中村先生はこういっている。

「捕食者の捕獲《ほかく》をおなじときにおこなったことで、ケージ保護は成功しました。ケージ保護の結果は、北岳《きただけ》周辺でライチョウが大きく減《へ》った原因《げんいん》は、キツネ、テンなどの捕食者の侵入《しんにゅう》によるものだという、私《わたし》たちの以前からの意見が正しかったことの証明《しょうめい》にもなりました」

二〇一七年のケージ保護の成功は、日本のライチョウ保護《ほご》に大きな力になることをしめしてくれた。その技術《ぎじゅつ》をもっと高めれば、絶滅《ぜつめつ》の危機《きき》からライチョウを救うことができるだろう。

中村先生は、ケージ保護《ほご》は、いま動物園が取り組んでいる人工飼育《しいく》、人工増殖《ぞうしょく》にも役立てることができるだろうと話す。高山でのケージ保護で守った家族を動物園に移《うつ》し、そこで産卵《さんらん》させ、ひなをかえして数をふやすという飼育のやり方だ。また、山で育った経験《けいけん》があるライチョウを、動物園で飼育し、産卵させ、ひなを育てさせることによって、数をふやす。そしてふえたライチョウを山にもどすという方法もある。

捕食者《ほしょくしゃ》の捕獲《ほかく》と、ケージ保護の方法をあわせておこなっていけば、きっと目に見える成果が得られるにちがいない。

おわりに
ライチョウはたくましく生きのびる

中央アルプスにライチョウあらわれる

二〇一八年の夏。ライチョウの思いがけないニュースが飛びこんできた。ライチョウが絶滅《ぜつめつ》した中央アルプスの最高峰《さいこうほう》・木曽駒ヶ岳《きそこまがたけ》（二九五六メートル）で、ライチョウのメス一羽が見つかったのである。登山者がライチョウを見つけ、写真撮影《さつえい》もした。

八月七日、環境省《かんきょうしょう》と長野《ながの》県は中村《なかむら》先生ら調査《ちょうさ》チームを現地《げんち》に送って、見つかったライチョウについての調査をおこなった。メスのライチョウがつくった巣が見つかり、そこには卵《たまご》（無精卵《むせいらん》）ものこされていた。巣は昨年につくったもので、メスはほかの山から飛んできて、少なくとも一年以上中央アルプスで生活していたようだ。このとき採取《さいしゅ》した羽毛は国立科学博物館に送られ、遺伝子解析《いでんしかいせき》がおこなわれた。

中村先生によると、ライチョウのオスは生まれた場所にとどまるが、メスは他の山域《さんいき》へ飛んでいってしまう習性《しゅうせい》があるという。ライチョウのメスは、オスがいなくても毎年産卵《さんらん》し、抱卵《ほうらん》する。そして二二日間以上抱卵しても、ふ化しない卵は放棄《ほうき》するのだ。

中央アルプスのライチョウの羽毛を調べた結果、北アルプスや乗鞍岳《のりくらだけ》に生息しているライチョウのDNA《ディーエヌエー》と一致《いっち》した。中村先生は、そのライチョウは乗鞍岳《のりくらだけ》から来たものだろうと考えている。木曽駒ヶ岳《きそこまがたけ》と乗鞍岳《のりくらだけ》は約四〇キロメートル離《はな》れている。けれど、その間は山がつづいていて渡《わた》りやすく、山を伝って移動《いどう》してきたのだと推測《すいそく》している。

中央アルプスの西駒ヶ岳《にしこまがたけ》一帯には、一九六〇年代なかばまでライチョウはすんでいたようだ。しかし一九六七年に「駒ヶ岳《こまがたけ》ロープウェイ」がつくられ、多くの人がやってきてライチョウの生息場所をふみ荒《あ》らした。それがライチョウをほろぼす原因《げんいん》になったといわれている。開通二年後からライチョウは見られなくなった。

以前、中央アルプスを調査《ちょうさ》した羽田健三教授《はねだけんぞうきょうじゅ》は、西駒ヶ岳《にしこまがたけ》一帯をはじめ、中央アルプスには、ライチョウがなわばりをつくるよい条件《じょうけん》の地形や植生《しょくせい》があると書きのこしている。

中村先生は、乗鞍岳《のりくらだけ》と南アルプスで成功させた「ケージ保護《ほご》」の方法を使い、乗鞍岳《のりくらだけ》で人の手で守った数家族を中央アルプスに持ちこみ、ライチョウを復活《ふっかつ》させたいという案をもっている。もし、中村先生の計画が進み、中央アルプスでふたたびライチョウのすがたが見られるようになればすばらしい。ライチョウの明日に、明るい希望《きぼう》の光がさしこんできたといえる。

妙高《みょうこう》市でひらかれたライチョウ会議

「第一八回ライチョウ会議　新潟《にいがた》妙高大会」が、二〇一八年十月十九日、新潟県妙高市でひらかれた。

妙高市《みょうこう》にある火打山《ひうちやま》は、ライチョウが生息している日本で最北端《さいほくたん》の山である。中村先生が発表した二〇〇九年の生息数調査《ちょうさ》では、火打山《ひうちやま》のライチョウのなわばり数は一一で、生息数は二八だった。しかし最近の調査では、そのなわばり数も生息数もほぼ半分に減《へ》っていることがわかった。イネ科の植物などが侵入《しんにゅう》し、採食環境《さいしょくかんきょう》やひなを育てる環境が悪くなっている。ライチョウが生息する山の中では、いちばん温暖化《おんだんか》の影響《えいきょう》を受けているところなのだ。しかし、火打山《ひうちやま》のライチョウは遺伝的《いでんてき》にはここでしか見られないグループであり、日本のライチョウの祖先集団《そせんしゅうだん》の生きのこりだと考えられる。とても貴《き》重《ちょう》な集団なのである。

大会パンフレットの表紙には、「豊《ゆた》かな自然環境の象徴《しょうちょう》であるライチョウを守るために、今なにをなすべきか？　—先人たちから受《う》け継《つ》いだこの宝《たから》を後世《こうせい》に引《ひ》き継《つ》いでいくために—」とあった。大会を主催《しゅさい》する人たちのつよい決意が伝わってきた。

大会の第一日目はシンポジウムである。妙高《みょうこう》市文化ホールで、特別講演《こうえん》、基調《きちょう》講演、パネルディスカッションがおこなわれた。一般《いっぱん》の市民や研究者、保護団体《ほごだんたい》の人たち、行《ぎょう》

中村先生はあらためてライチョウの危機《きき》を訴《うった》えた。

政《せい》の人など一〇〇〇人が参加した。さいしょ、大会名誉総裁《めいよそうさい》の高円宮妃久子《たかまどのみやひひさこ》さまが、「鳥を通して地球環境を考える　―バードライフ・インターナショナルの活動―」と題しての特別講演をされた。基調講演は大会の実行委員長である中村先生が「火打山《ひうちやま》のライチョウの現状《げんじょう》と保護の課題」のタイトルでおこなった。中村先生は講演でこう話した。

――火打山《ひうちやま》では、二〇〇九年には北アルプスからの個体《こたい》の移入《いにゅう》で、一時的に繁殖数《はんしょくすう》がふえました。しかしその後は減少《げんしょう》がつづき、今年は六なわばり、一五羽とこれまでで最低の数だとわかりました。火打山《ひうちやま》は、温暖化《おんだんか》の影響《えいきょう》をもっともつよく受けていて、背《せ》の高いイネ科植物などの侵入《しんにゅう》で、ライチョウが子育てし、餌《えさ》をとる環境《かんきょう》が、どんどん悪くなっています。それに加えて、二〇一五年からシカやイノシシの侵入《しんにゅう》が本格化《ほんかくか》していて、ライチョウに絶滅《ぜつめつ》の危険性《きけんせい》が高まっているのです。

これから、貴重《きちょう》な火打山《ひうちやま》の高山環境とそこにすむライチョウの集団《しゅうだん》を守っていくには、人が積極的に自然に手を加え、生息環境の改善《かいぜん》をはかる段階《だんかい》に来ています。火打山《ひうちやま》の自然とライチョウをつぎの世代に引きつぐために、私《わたし》たちは「今なにをすべきか」をいっしょに考え、行動に移《うつ》していきたいと思います――

基調講演《きちょうこうえん》の後は、「火打山《ひうちやま》の自然とライチョウをどう守るか」というタイトルでパネルディスカッションがおこなわれた。

パネラーは、自然環境アウトドア専門《せんもん》学校講師《こうし》の長野康之《ながのやすゆき》さん、アメリカ・ミネソタ州出身で妙高《みょうこう》市に移住《いじゅう》して山ガイドなどの仕事をするビル・ロスさん、環境省信越《かんきょうしょうしんえつ》自然環境事務所《じむしょ》所長の奥山正樹《おくやままさき》さんたちだ。ライチョウが安心して生きていける環境づくりはどうすればよいか、について話しあわれた。

二日目の十月二十日は、ライチョウ保護《ほご》と研究の発表がおこなわれた。第一部は生息域内保全《いきないほぜん》に向けた取り組みの発表で、高山帯でのライチョウの現状《げんじょう》が報告《ほうこく》された。火打《ひうち》山《やま》でのライチョウ集団《しゅうだん》の調査《ちょうさ》研究の発表もあったし、中央アルプスで見つかったメスのライチョウについての報告もあった。第二部は動物園などでの生息域外《いきがい》保全に向けた取り組みの発表で、ライチョウの飼育技術《しいくぎじゅつ》や、ライチョウの腸内細菌《ちょうないさいきん》についての発表など、いろいろな方面からの研究発表がおこなわれた。

三日目と四日目は野外観察会で、二〇人の参加者が火打山《ひうちやま》に登ってライチョウをさがした。一二羽を観察することができて、参加者は大満足の二日間となった。

ライチョウ会議・新潟《にいがた》妙高大会は、実りのあるすばらしい大会だった。三日間の参加者数は一三二九人という、大きな数字になった。第一六回・静岡《しずおか》大会は五〇六人で、第一七回・長野《ながの》大会は六八五人だった。この数字は、人びとのライチョウ保護《ほご》への関心が少しずつ高まってきていることをしめしている。

地元の妙高《みょうこう》市や新潟《にいがた》県民の人たちが、多く参加したことはとてもありがたいことだった。参加者は、火打山《ひうちやま》の自然とライチョウを守る話に、とても熱心に耳をかたむけてくれた。

新潟県の鳥といえば、まず「トキ」がでてきて、新潟県にライチョウが生息していることを知っている人、関心をもつ人はこれまで少なかった。けれどこの大会では、地元の多くの人にライチョウをアピールでき、親しみをもってもらえるようになった。

それから、中学生がたくさん参加してくれたことは、何よりうれしいことだった。一日目、地元の中学生が二五〇人も来てくれたのだ。そして、火打山《ひうちやま》の自然、ライチョウ保護《ほご》の講演《こうえん》やパネルディスカッションを、真剣《しんけん》な表情《ひょうじょう》で聞いてくれた。中学生の参加はじつにたのもしく、これからのライチョウ保護に大きな力となってくれるにちがいない。大会に参加しただれもが、彼《かれ》らから大きな勇気をもらった。

「この大会で、日本のライチョウ保護の今後の課題がはっきり見えました。ライチョウは日本の自然と文化のシンボルです。氷期《ひょうき》を奇跡的《きせきてき》にのりこえ、生きのこったライチョウたちを、日本人みんなが力をだしあい、守っていかなければいけないと再認識《さいにんしき》しました。今度のライチョウ会議・新潟妙高大会は、とても意義《いぎ》がある大会となりました」

大会が終わった後、中村先生はこう話した。

地球温暖化《おんだんか》による平均《へいきん》気温の上昇《じょうしょう》、キツネ、テン、サル、シカなど野生動物たちの高山帯への侵入《しんにゅう》……。いまから立ちむかうべき問題はいくつもある。しかし中村先生はこれまでとおなじく、しっかり前を見つめ、確《たし》かな歩みでみんなの先頭に立って歩いていく。

中村先生は信じている。日本のライチョウはきっと絶滅《ぜつめつ》の危機《きき》をのりこえ、たくましく生きのびる、と。

あとがき

国《くに》松《まつ》俊《とし》英《ひで》

大学生になってから山歩きを始め、信州《しんしゅう》の三千メートル級の山にも何回か登りました。大学三年の時には独《ひと》りで北アルプス縦走《じゅうそう》をやり、最北端《さいほくたん》の朝日岳《あさひだけ》から、白馬三山《しろうまさんざん》、五竜《ごりゅう》、鹿島槍《かしまやり》と歩きました。一度下山した後、燕岳《つばくろだけ》から槍《やり》ヶ《が》岳《たけ》まで行きました。山道ではライチョウに何度も出会い、とても親しく、うれしい気持ちでながめていました。

その後私《わたし》は野鳥観察と鳥の文化史の研究を始めましたが、ライチョウとは縁《えん》がありませんでした。けれど二〇〇九年に開かれた第一〇回ライチョウ会議・東京大会でライチョウと再会《さいかい》しました。大会で「日本人とライチョウの関わり」について発表を行ったのです。大会で中村浩《なかむらひろ》志《し》先生に初めてお会いしました。その大会の研究発表で、高山の自然環境《かんきょう》の変化や平均《へいきん》気温の上昇《じょうしょう》でライチョウが危機《きき》にひんしていることを知りました。強い関心を持つようになり、追いつめられているライチョウのことを子どもたちに伝えたいと考えるようになったのです。

この本を書くにあたって、中村浩志先生には何度も話を聞かせて頂《いただ》き、資料《しりょう》の提供《ていきょう》などで大変お世話になりました。松田勉《まつだつとむ》氏、大町山岳《おおまちさんがく》博物館、富山《とやま》市ファミリーパーク、長野《ながの》県・富山県自然保護《ほご》課、妙高《みょうこう》市環境生活課環境企画《きかく》係の方々にも力を貸《か》して頂きました。厚くお礼を申し上げます。ライチョウが危機を乗《の》り越《こ》え生《い》き抜《ぬ》くために、応援《おうえん》をしたいと思っています。

【参考にしたおもな資料】『二万年の奇跡を生きた鳥 ライチョウ』（中村浩志／農文協）『甦れ、ブッポウソウ』（中村浩志／山と渓谷社）『雷鳥が語りかけるもの』（中村浩志／山と渓谷社）『ライチョウを絶滅から守る！』（中村浩志・小林 篤／しなのき書房）『雷鳥』（矢澤米三郎／岩波書店）『雷鳥の生活』（大町山岳博物館・編／第一法規）『北アルプス博物誌〈3〉動物・自然保護』（大町山岳博物館・編／信濃路）『新・北アルプス博物誌』（大町山岳博物館・編／信濃毎日新聞社）『ライチョウ・生活と飼育への挑戦』（大町山岳博物館／信濃毎日新聞社）『立山のライチョウ』（松田勉／富山県立立山センター）『雷鳥の保護と受難の歴史』（広瀬誠／立山連峰の自然を守る会）『ライチョウの四季』（右高英臣／あかね書房）『富士山―その自然のすべて』（諏訪彰／同文書院）『生きもの異変 温暖化の足音』（生きもの異変取材班・編／産経新聞社）『第10回ライチョウ会議東京大会報告書』（ライチョウ会議東京大会実行委員会）『第17回ライチョウ会議長野大会報告書』（ライチョウ会議長野大会実行委員会）『志賀自然教育研究施設研究業績』（信州大学）『山階鳥類研究所 研究報告』（山階鳥類研究所）「鳥」三四号（日本鳥学会）「アニマ」四〇号 一一四号 一六〇号（平凡社）「山と溪谷」七八四号 九六九号（山と渓谷社）「立山連峰の自然を守る会だより」一九号・四一号・五〇号（立山連峰の自然を守る会）「ZOOよこはま」一〇四号（横浜市動物園友の会）「理想」一二一号〜一二八号（理想教育教団）

信濃毎日新聞 朝日新聞 毎日新聞 中日新聞 北国新聞 その他

国松 俊英（くにまつ・としひで）
……1940年、滋賀県生まれ。同志社大学商学部卒。日本児童文学者協会、日本児童文芸家協会、日本野鳥の会会員。子ども向けノンフィクションを多く手がける。おもな作品に『最後のトキ ニッポニア・ニッポン』（金の星社）、『星野道夫―アラスカのいのちを撮りつづけて』（PHP研究所）、『宮沢賢治の鳥』（岩崎書店）、『ノンフィクション児童文学の力』（文溪堂）などがある。『トキよ未来へはばたけ』（くもん出版）で第7回福田清人賞を受賞。また、小学校5年国語教科書（東京書籍）に「手塚治虫」を、小学校6年国語教科書（教育出版）に「伊能忠敬」を、それぞれ書き下ろし掲載されている。

【協力】中村浩志
【写真】中村浩志／樋口直人／藤富敦郎／国松俊英／富山市ファミリーパーク／大町山岳博物館／妙高市環境生活課／白馬村観光局／長野県／環境省／尾瀬保護財団／新潟県観光協会／photolibrary／NakaoSodanshitsu／Ken Ishigaki／Takashi_Yanagisawa／パブリックドメイン

デザイン　こやまたかこ
イラスト　マカベアキオ

＊本書の印税の一部は、ライチョウ保護のために寄付されます。

ノンフィクション・いまを変えるチカラ
ライチョウを絶滅から救え　NDC488 175P 20cm

2018年12月25日　第1刷発行
著　者　国松俊英
発行者　小峰広一郎
発行所　株式会社小峰書店　〒162-0066　東京都新宿区市谷台町4-15
電話 03-3357-3521　FAX 03-3357-1027　https://www.komineshoten.co.jp/
印刷所　株式会社精興社
製本所　小高製本工業株式会社

ISBN978-4-338-32101-3